Plants Grow For Themselves

草木有本心

生活中的博物学

刘华杰 著

世界图书出版公司

北京·广州·上海·西安

图书在版编目（CIP）数据

草木有本心：生活中的博物学 / 刘华杰著. —北京：
世界图书出版有限公司北京分公司，2023.2
ISBN 978-7-5232-0096-4

Ⅰ.①草… Ⅱ.①刘… Ⅲ.①植物—普及读物 Ⅳ.①Q94-49

中国版本图书馆CIP数据核字（2023）第017451号

书　　名	草木有本心——生活中的博物学 CAOMU YOU BENXIN
著　　者	刘华杰
策划编辑	王思惠
责任编辑	王思惠
责任校对	张建民
出版发行	世界图书出版有限公司北京分公司
地　　址	北京市东城区朝内大街137号
邮　　编	100010
电　　话	010-64038355（发行）　64033507（总编室）
网　　址	http://www.wpcbj.com.cn
邮　　箱	wpcbjst@vip.163.com
销　　售	新华书店
印　　刷	北京中科印刷有限公司
开　　本	710mm×1000mm　1/16
印　　张	19.5
字　　数	280千字
版　　次	2023年2月第1版
印　　次	2023年2月第1次印刷
国际书号	ISBN 978-7-5232-0096-4
定　　价	89.00元

目录

第一章

小院留芳：燕园四院的植物

多识于鸟兽草木之名。

——《论语·阳货》

房屋的四周如若没有树木，便觉得光秃秃的，如男女不穿衣服一般。树木和房屋之间的分别，只在房屋是造成的，而树木则是生长的。

——林语堂：《论石与树》①

①参见饶忠华主编：《寄情科学》，上海科技教育出版社，2001年，第21页。也有人认为这个比喻并不恰当，因为不穿衣服或者少穿衣服可能更自然。

中国人民大学位于海淀区双榆树，清华大学位于海淀区东升镇，北京大学位于海淀区中关村。快速现代化进程中，这些"小地名"还保存着一丝博物记忆。

走进北京大学的东门，逸夫楼前小广场有一株古老裸子植物"宽孔异木"的硅化木，一种已经石化的树干。它原来生活于1.2亿年前的早白垩世（K1），树龄在千年以上。每次瞥见它无声无息地埋没在一片横七竖八的自行车阵中，心中都涌起一丝疑问，谁是地球的主人？

一亿年前，我们在哪里？根本没有我们。

当然，这不是最早的植物。1990年中国学者在黑龙江发现距今1.3亿年的一些花化石和花粉化石，说明当时被子植物已经相当繁盛。1996年在辽宁北票发现了"辽宁古果"，距今1.45亿年，那是当时发现的最早的被子植物化石。1998年孙革教授在美国《科学》杂志发表封面文章《追索最早的花——中国东北侏罗纪被子植物：古果属》，引起国际学术界广泛关注。

在植物界，现在占主导地位的是被子植物，之前是裸子植物和蕨类植物，如今三者并存着。志留纪（S）、泥盆纪（D）时期就已经存在蕨类植物，距今已有4亿多年。

大众传播中经常提植物王国（vegetable kingdom），其中"kingdom"按理说应译作"界"而不是"王国"。本书谈植物（plants），作者不打算按教科书的方式讲述，也不承诺系统介绍植物学任何一个分科的知识，只希望所提供的内容对读者而言是有趣的，某种程度上甚至是新鲜的。读过此书，读者如果能有一种博物情怀，更多地看一眼周围生长的植物，关心它们，作者就很满足了。

商品经济草创的年代，人世间竞争激烈，多数人利用尽可能多的时间练手艺、才艺，无暇关注自然，很少留心周围的植物。人们或许经济上宽裕了，甚至小康了，但也因此失去了许多乐趣。如果只有成年人如此，也就罢了，麻烦在于广大青少年被卷入恶性竞争。《消逝的童年》不仅仅是

▲ 北京大学地学楼前的硅化木。它生活于1.2亿年前，本身树龄在1000年以上

▲ 产于辽宁的披针形林德叶化石，松柏类植物，化石大小约为12厘米×16厘米

▲ 左图同一块化石的背面，能够清晰看到裸子植物叶子互生的情况

波兹曼（Neil Postman，1931—2003）一部书的名字，也是许多人的切身经历。

有一次我被邀请到北京西单图书大厦为读者讲"博物学的历史、现状与未来"，提前到达十多分钟，便在楼下粗略数了数那里的植物，约17种（植株较小的不计入），简记了它们的名字。讲的时候，我问大家谁能说出楼下生长的五种以上的植物名，给予奖励，奖品是一只漂亮的皂荚（我带了三只皂荚和五粒苏铁的种子）。非常可惜，当场长幼三十多人无一人能够获奖。讲解中，我展示了随身带着的约30种北京常见植物的彩色图片，谁能说出其名字（俗名即可），就可以拿走那张图片，而且允许大家商量，但最终仍然剩下十多张。

这并不算奇怪。我见过博士生在野外指着高粱叫玉米的。有一次乘坐公共汽车，由北向南经过海淀区圆明园东路（在清华附中门口），一女孩对男朋友大讲窗外的杜仲（杜仲科）有何药用价值、该如何保护等等，说得有鼻子有眼。而她手指的却是洋白蜡（木樨科），窗外压根没有一棵杜仲。小伙子听得津津有味，且略现自惭形秽之态。

当然，不认识植物，也是正常的，也一样可以爱护植物。但是，有经验的人一定会郑重地指出，知道名字与不知道名字有本质上的差别。不知道名字时混沌一片，知道名字便豁然开朗。植物的名字是"敲门砖"，知其"芳名"，便会更深入地了解它、爱它。在信息网络时代更是如此，名字是重要的检索词、关键词。

植物种类极多，中国高等植物有3万多种，坦率地说没有人认识其全部，但确实有人认识许多，我非常羡慕那些认识很多植物的人。北京便有植物约2000种，读者朋友你认识多少呢？认识植物有各种图书讲解窍门，如今也有了实用软件。但是，关键是要有兴趣。一位美丽的姑娘进入你的视野，最终你甚至想娶她，但一开始你得结识她，知道她的名字。而这一切全是因为你对她感兴趣。对于植物也一样。

部分读者可能有顾虑：植物和植物学太高深，觉得自己玩儿不了；还有一些人觉得名字一大堆，不认识也罢。这两种态度都不正确。我们是在博物学的层面而非自然科学的层面接触植物。前者博物学恰好没有门槛，后者科学的门槛很高。不夸张地说，人人可以进入博物学世界。还是那句话，需要的只是兴趣，如果它可以算作"门槛"的话。对一些人来说，这的确是一个无法跨越的"门槛"，因为他永远难以超越习惯。

作为一种练习，我先提一个小问题：中国硬币中"1角""5角""1元"背面都有什么植物图案？

有牡丹、梅花、兰花、菊花、荷花等。但你能够确切说出对应关系吗？这不算什么学问，感兴趣马上就可以知道；不感兴趣，可能永远都不会知道。

◀ 多国硬币上的植物图案。中国的五角硬币其中一种正面为梅花，另一种背面为荷花

现在的北京大学校园原为燕京大学校园。北大学子喜欢自嘲，认为北大校园比较有名的景观是"一塌糊涂"——一个水塔、一个未名湖和一个图书馆。在图书馆西侧的静园草坪（以前是果园，1995年改建为草坪）周围，有两排南北向排列的古式院落，东西每侧各三个。其中东侧最南头便是四院，即哲学系和宗教学系办公的地方。后来哲学系和宗教学系迁到北大新建的人文学苑（位于校园的东北部），四院留给燕京学堂，成为留学生宿舍。

▲ 北京大学四院大门，周边长满了紫藤

　　在六个院中四院人气算是较旺的，院子虽小，往来人员却不断。尤其在暑假期间，小院中时常站着几簇外国学生在聊天，以德国和日本的居多。有一年这里突然来了一批披着袈裟的和尚和尼姑，赭褐色的长袍与四院红色的窗棂、灰瓦倒是浑然一体，原来这是宗教班的学员。这些或老或少的出家人驻足于四院，绝对是一道难觅的风景。

　　正常情况下，来四院的更多是教师和学生。可以推想，在报考、复试、开学、答辩、学术会议、上级检查等时候，会有何等人马光顾。来四院的多数是由于公务，少数是观光。用我本家刘禹锡的话"谈笑有鸿儒，往来无白丁"来形容，一点不为过。那些偶尔过来挨个信箱塞材料的民间科学爱好者、民间数学爱好者及民间哲学爱好者，也颇有个性，执着得很，想说服他们绝非易事。[1]

　　2003年秋季的一个中午，我坐在四院大门内石阶上吃盒饭（食堂位置不够，有时也只能端出来吃），碰到一对美国夫妇，年约六十。他们在北大闲逛，路过此地，见门内开阔，别有风貌，便迈步进来。老先生会说一点汉语，一个劲夸奖四院有特色、有情调。

---

① 关于民间爱好者，可参见田松：《民间科学爱好者》，上海科技出版社，2003年。

▲ 四院大门冬天的景象

　　办公、求学等，是来四院可以做的一些事情。不过，说了半天，我要告诉大家，来四院还可以做另一件有趣的事情：观察植物。

　　套用一句时髦的话，四院具有不错的生物多样性。

　　四院虽小，但"庭院深深"，植物颇多。这里人员有多样性，植物也有多样性。人员非等闲之辈，植物亦各有来头。生物多样性（biodiversity）指栖息地多样性（生态系统的多样性）、基因多样性和物种的多样性，三者密切相关，共同构成了生态系统的丰富性。其中物种多样性是三者中最明显、最容易测定的，它也代表人们通常谈到生物多样性时所指的含义。一般说来，中国拥有植物3万余种，具体数据一直在变化。据2022年《中国高等植物多样性编目进展》[1]一文，中国高等植物物种名录包含角苔类4科9属27种，苔类62科170属1081种94个种下等级，藓类94科453属2006种154个种下等级，石松类3科12属165种4个种下等级，蕨类38科177属2215种228个种下等级，裸子植物10科45属291种118个种下等级，被子植物272科3409属32708种6909个种下等级，共计483科4275属38493种7507个种下等级，较五年前增加了19科270属2334种。

① 刘冰、覃海宁：《中国高等植物多样性编目进展》，载《生物多样性》，2022年第7期，第34—40页。

四院在北京大学不算特别，在六个院中也不算特别，但这个院却有大量的物种，种类可能超出一般人的想象。我且记录下来，过若干年人们还可以核对一下，看看增加了什么，少了什么。我分A、B、C三个区顺序介绍。A区指正门进入四院后所见区域，它在三个区中位于正中间；B区指四院北侧的后院区域；C区指四院南侧的区域。

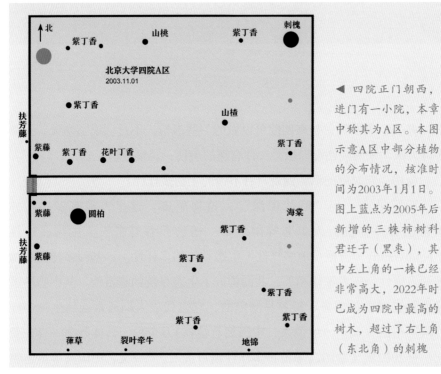

▲ 四院正门朝西，进门有一小院，本章中称其为A区。本图示意A区中部分植物的分布情况，核准时间为2003年1月1日。图上蓝点为2005年后新增的三株柿树科君迁子（黑枣），其中左上角的一株已经非常高大，2022年时已成为四院中最高的树木，超过了右上角（东北角）的刺槐

四院的大门其实一点不大，只能并排走过三人，胖一点的，只能同时过两人。大门上面布满了紫藤，一年四季各有风景。最俏的是春季，紫红色的紫藤花穗把整个大门装饰得像节日迎宾的彩门。四院植有4株紫藤，左（北）1右（南）3，树龄都在二三十年光景①。盛夏时节，紫藤枝繁叶

① 四院的紫藤原本都是中国紫藤，茎右手性（关于"手性"详见第四章）。我在其中一株上嫁接成活了同属的多花紫藤，于是有了左手性的藤子。偶尔会带学生来看同一株上"长出"两种手性的藤子。

豆科紫藤，茎右手性 ▶

◀ 紫藤的种子，有点像围棋的黑子

茂，把大门盖得严严实实，大门名副其实成了两个世界的隔挡，白日里门总是开着，远远就能瞥见别有洞天的院内风景。小院吸引人们走近它，感受它。

大门两侧紧贴墙根在2002年新近植了一排卫矛科的扶芳藤，因是刚植上的，还没长出模样。原来这墙根只有零星几棵长得不好的葡萄科爬山虎。

进门左手（北侧）是几株丁香和花叶丁香。通常我们在小区或者公园见到的都是心形叶的大花白丁香或紫丁香，但四院却另植有裂叶的小花品种，称花叶丁香（*Syringa × persica*，也叫裂叶丁香）。花虽不像紫丁香那么浓重妩媚，却也有小家碧玉般的清秀。

▲ 木樨科花叶丁香，也叫裂叶丁香，是杂交种

▲ 木樨科丁香属植物。通常丁香是春天开花，但四院的这株丁香属植物在秋天也常常开上几朵花，此照片摄于2002年9月23日

接着，可见大片禾本科的洋草坪。它是什么属什么种我至今不知道，也不太想知道。

洋草坪近年在中国有泛滥之势，四院也未能幸免。不过，这种草确实与众不同，一年四季都是绿的，而国内土生的草坪冬天会枯萎变黄。1998年到美国时，我就注意到美国校园里的草坪有些特别，后来发现整个伊利诺伊州公路两旁种植的草坪都是常绿的。没想到的是，国内在几年间迅速引进了洋草坪。是好是坏，还很难说。虽然表面上耐看一点，但喜水、要不断更换。

新草坪移植不久，草中长出了一种有三出小叶的植物，走近一瞧是天南星科的半夏。再一搜索，还不少，约有几十株。半夏生命力极强，随草坪长了割，割了长，迄今一个也没少，反而繁殖了一些。人工草坪与半夏长在一处，有些蹊跷。北京西山到处可见半夏，尤其在鹫峰、阳台山和凤凰岭一带。但是无论如何我没见过平地上长出半夏。我推测，可能是培植洋草坪的苗床原来种过半夏，当这种中药不值钱时，主人改种洋草坪了，但以半夏的生命力，"想把我赶走，没那么容易！"于是半夏混迹于草坪

◀混迹于洋草坪的半夏，天南星科。它是一种常用的草药，一般在夏季采收，因而得名半夏。此植物极易成活，其地下块茎有毒

中，继续生存，并随草皮搬到了四院。我继续推测，除非有好事者，逐棵把草坪中散见的半夏挖出毁掉，否则半夏在四院算是永远扎根了，没准它还会传遍校园。①

半夏是一种有趣的植物，极易成活，我家阳台上还种着十几株。我的两位朋友，一男一女，笔名都叫半夏，都是优秀的博物学家。

草坪中混生的另一种植物是地黄。你可能在"六味地黄丸"中听说过地黄。没错，地黄是一种中药。地黄本来能够开出美丽的花朵，但在这里由于草坪不断修剪，容不得地黄开出花。地黄原来分在玄参科，后来根据APG系统，划归为列当科了。

▼ 列当科（原玄参科）地黄

————————
① 果然如此。没用几年，北京大学校园中多处可以见到半夏。百合科薤白的情况与此类似。2014年前，校园中找不到薤白，2016年时极个别地点能见到，2021年时已经非常多了，有时还成片生长。

▲ 蔷薇科山桃，花五个瓣。它开花时间要早于山杏

再前行，左手有一株山桃①，虽然年年修剪，仍然长出一层楼高，春天开花时在二楼仿佛伸手就能触到。山桃结很小的果实，个数不少，只是不能吃。

山桃树前方，草坪正中央，是一株山楂树，树龄不大，刚刚开始结实。何谓山楂？吃过山楂片、山楂糕吧，喝过山楂果茶吧？对了，就是这种山楂。这也是四院A区中现在唯一可食的植物果实。别忘了，它与许多水果一样，如苹果、梨、李、草莓、桃、杏等等，都属于蔷薇科。特点嘛，有许多，最重要的只需记住一个：它的花有五个瓣。那么是不是有五个瓣的都是蔷薇科？不是，植物学可没这么简单。花五个瓣的植物海了去了，这只是一个特征，要识别一种植物需要多种特征综合起来。

---

① 2004年时此株山桃已老迈，树干生了虫子，不久就死去。但我提前几年在其树下收集一袋子种子，种在昌平的一个园子中。小苗长到1米高时，移回四院母树附近三株。第二年全部开花，到2022年这三株山桃还健壮。北京干旱，山桃种子自然落地，萌发率很低，但如果人工将其埋入土中踩实，绝大部分会发芽。

　　左手接近院子尽头的是一棵直径约30厘米、树龄二三十年的刺槐，也称洋槐，枝叶远远超出两层高的四院。刺槐属豆科，顾名思义，与我们常吃的大豆、豆角、豌豆等都是一个科的，前面提到的紫藤也是豆科的，它们也都算蝶形花亚科的，原因是花蝶形，左右对称，最上面有旗瓣。这株刺槐上，距离地面数米高处"寄生"了一株构树，是雌株，还开花结果。后来构树被大风折断、死亡。构树长在刺槐上，比较罕见。过一会儿要去的后院（B区）中，还有两株很小的刺槐。

▲ 四院后院的豆科刺槐。奇数羽状复叶，茎上有刺

大门内小径右侧是另一番景象。四院外形像"口"字，下面的一横是院墙，中间有一大门，其余三侧都是房间。大门朝西。因而现在要介绍的是口字的右半部分，即四院的南半部分，A区的南半边。近大门处有三株靠得很近的紫藤，顺四个柱子的水泥架往上爬。具体是怎样爬的，等到第四章再说。院内这一侧背阴，右墙上长满了爬山虎，也叫地锦，具三个小叶或者叶三裂，是本地种。

现在国内常见的是五个叶的爬山虎（五叶地锦），是由美国输入的。在北京昌平虎峪沟，能见到野生的三叶爬山虎。爬山虎嫩须上有小小的吸盘，可以使植株牢牢地吸附在垂直的墙面上。爬山虎最好看的时候是深秋时节，黄、绿、红三色均有，爬满整面墙，美不胜收。四院的爬山虎中，偶然混有牵牛和葎（音"律"）草。园林绿化，应当栽种哪一种爬山虎呢？这是一个可大可小、争论不休的问题。现在，人们趋向于栽种本土种，但学会欣赏本土物种需要教养和学识。

四院在铺洋草坪前，曾经荒芜一段时间，那时院内长有多种牵牛，有圆叶的有裂叶的。同一科的还有小旋花。那时开的牵牛花有紫的也有粉红的，现在只剩下后者。葎草是什么东西？其实这种恶性杂草极常见，它与啤酒花是一个科一个属，外形极相似。农村的小孩都很讨厌葎草，因为它的茎叶上长了许多小刺，碰到皮肤上很难受，而这种草生命力强得离谱，到处可见它的踪影。小时候打架，还用过它的茎，到处抢，显然是作为一种武器。葎草有雌雄两种花，雄花序有20—40厘米长，布满了花粉，风轻轻吹动就能见到飘洒的黄色粉末。目前四院只在西边墙角有一两株，借助于爬山虎，爬到了四五米高，它自身没有吸盘，是不可能单独上墙面的。

葎草是从哪里来的？书上说它是中国本土植物，对于华北地区而言也是本地植物。我很怀疑这种认定，也跟一位植物学家讨论过，他部分同意的我的观点：它是外来入侵种，侵入时间较早。

靠近右侧三株紫藤的，是一棵圆柏（*Juniperus chinensis*），它年轻时可能长得颇费劲，这可从修剪的树枝和树皮看出来。圆柏也叫桧柏，有

▲ 大麻科（原桑科）葎草的雌花

▲ 葡萄科爬山虎与旋花科牵牛。
注意牵牛的茎呈右手螺旋

▲ 爬山虎（地锦）的果实。有点像葡萄，
它与葡萄都是葡萄科的

许多变种。实话说，这株属于比较丑的那类，在延安和大连我见过美得多的圆柏。它算是A区中高度仅次于那棵刺槐的植物了。它至少有25年的树龄，这种树长得很慢。圆柏属于相对较低等的裸子植物门（但仍然属于高等植物，裸子植物介于蕨类植物与被子植物之间）中的柏科刺柏属。这一侧还有5株矮小的紫丁香，长得也不算好。近东边是一棵海棠，尚未开过花。

柏科圆柏，也叫桧柏，叶两型：一种光滑一种带刺

小径走到头，到了"口"字的上横处[①]，便到了四院一层的门廊过道。向左（北）行走到顶点，穿过一小门，即"口"字的左上角，便到了四院与五院之间的"后院"B区。

五院是北大中文系所在地。两系可通过后院直接沟通。但通常两系之间不通过这一渠道来往，只有少数人知道这条路，后院因而显得十分幽静。后院面积与前院相仿。

---

① 在这附近我植了两株野生的柿树科君迁子（黑枣），左右各一。小苗生长迅速，不久就结果了。因没有嫁接，果实比较涩。

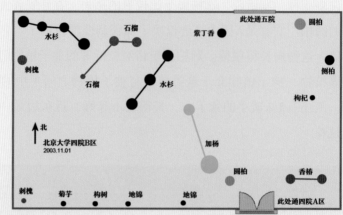

▶ 四院后院（B区）部分植物分布图。后院处于哲学系与中文系之间。核准时间为2003年11月1日

B区植物也十分丰富。加杨有两棵，毛白杨原有一株很小的，后来不见了。东侧有两株已显老态的香椿树，上面爬满了丝瓜藤。四院南侧C区也有一棵香椿。香椿是一种美食，炸着吃、炒鸡蛋吃或腌咸菜吃都不错，旧时还以它作为贡品。不过，可要分清了，香椿与臭椿十分相似。但它们属于不同的科，香椿为楝科植物，而臭椿为苦木科植物。前者香后者臭，通常人们只食前者，但后者稍加工亦可食。在分类学上这两种植物很容易区分，因为香椿为蒴果，臭椿为翅果，但在现实中两者确实不好区分。第一，闻味通常无效，香臭不同人有不同的体会，正如臭豆腐有人闻起来颇香。据我体验香椿之香与臭椿之臭只有略微差别，对于不认识它们的人来说，闻的办法根本无效。用分类学的办法呢？也不灵。吃香椿芽的时候绝对见不到香椿结的果实，能见到果实时香椿早已老得没人吃了。分类学上还有一个办法：看叶子的形状。两者都是羽状复叶，香椿是偶数复叶，臭椿是奇数复叶。奇偶之别谁都知道，但是，据我观察，许多香椿也长有奇数羽状复叶，只是尖上的小叶略小。明永乐年间出版的《救荒本草》收植物414种，其中包括香椿（椿树）和臭椿［称樗（音"初"）木］，并说两者形干大抵相类，但"椿木实而叶香可啖，樗木疏而气臭，膳夫熬去其气亦可啖"。凭我的经验，拿出两种树芽，实际区分开问题并不大，但说出两者究竟差在何处，还真不容易，也许香椿芽发亮一点。

▲ 楝科香椿。偶数羽状复叶，个别为奇数羽状复叶

▲ 楝科香椿新枝上的叶痕

▲ 苦木科臭椿。奇数羽状复叶，翅果扁平

　　B区最有特色的植物是水杉，共7棵，它与前文所述圆柏同属于裸子植物门。目前水杉是四院中第二高的植物，但可以肯定的是它们的树龄不会超过80岁。原因是，在中国以及在世界上，水杉这种"活化石"直到1941年才在四川磨刀溪（现属湖北省利川市）发现。它被正式定名并广为栽种至少是1948年以后的事情了。水杉这种植物极其重要，1983年中国植物学会成立50周年庆祝会上，曾向52位从事植物学工作达半个世纪的老专家颁发纪念品，你猜是什么？就是一份精制的水杉或者银杏标本，这两者都是中国特有的活化石。

　　水杉的发现具有传奇性。1941年2月中央大学森林系干铎（1903—1961）赴重庆任教，途经四川磨刀溪，偶遇参天古树"水桫"（当地人的叫法）。当时他只看了看落叶，没有采标本。后来他委托北大时的同学杨龙兴帮助采标本。杨托人于1942年采得一份，交给干铎。干铎送请树木学教授郝景盛鉴定，郝认为是新植物，但不知道是什么种。但后来这份标本遗失。

　　1943年王战（1911—2000）在杨龙兴的建议下去看了那棵大树（水杉王，株高35米，胸径7米），王采得枝、叶和球果，以为是水松。后来吴中伦（1913—1995）见到此标本，认为不是水松。1945年标本被转交给郑万钧（1904—1983），郑也认为不是水松。由于战时文献难找，无法确切鉴定，郑把标本寄给北平（现北京）静生生物所所长胡先骕（1894—1968，"骕"音"肃"）。胡从日本的一份杂志上查到了这很像是一种在其他地方已经灭绝的古老植物。胡先骕与郑万钧1948年联合发表文章，确定它的学名为 *Metasequoia glyptostroboides* Hu et Cheng。

　　水杉从发现到定名共经历了8个年头。论文发表后引起世界轰动。多国植物园纷纷索要种子，美国古植物学家钱耐（Ralph W. Chaney，1890—1971）还亲自来华考察。当年上海的《科学》杂志以《万年水杉》为题报道了钱耐来华的始末。不到一年的功夫，此植物的种子或小苗就传播到世界各地的植物园。如今在剑桥大学植物园、牛津大学植物园、邱园、海德公园等都能看到水杉大树，长得非常好，它们都来自中国。

柏科（原杉科）水杉，著名裸子植物。树叶中透出的红色小楼为中文系的五院，此水杉正好位于四院与五院之间。

　　胡先骕先生在水杉定名过程中起到了重要作用，那么他是什么人呢？他可是一位了不起的大人物，是中国植物学的两大创始人之一，"东大、中大（指江西中正大学）、生物所、静生所、植物标本处，均是胡先生手创"。他曾任中国植物学会会长（1934年），20岁赴美，入加州伯克利大学农学院森林系攻读森林植物学，1916年23岁学成回国，1918年任教授，1923年再次到美国哈佛大学深造，获得植物分类学硕士和博士学位（植物学家陈焕镛也是哈佛毕业的），1925年回国。胡后来当过校长，为保护学生，又坚决辞职，令人感动。胡适之曾评论道："在秉志、胡先骕两大领袖领导之下，动物学植物学同时发展，在此20年中为文化上辟出一条新路，造就许多人才，要算在中国学术上最得意的一件事。"（1935年10月24日）①胡先骕也是"中国科学社"最早的社员之一，还当过《科学》杂志的编辑部副主任。然而新中国成立后胡一度没有被重用，他的学生都当上了一级研究员或者一级教授，他却是三级研究员，这位民国时期中央研究院的老院士和评议员却没当上科学院的学部委员（现在叫院士）。据说陈毅很赏识胡，说他"榜上无名，榜下有名"，陈还请胡到中南海吃饭。直到20世纪60年代，胡才成为中国科学院植物研究所一级研究员。②

　　B区还有枸杞、构树、菊芋，各一株。枸杞大概是有意栽种的，长得却不佳，只有20厘米高，叶子被小虫子咬了许多窟窿。枸杞是茄科的，与常食用的辣椒、茄子为一科，它是常见的保健品。在北大校园中，一院北侧马路牙边上也有一棵，也没长大，高度大约在40厘米，但已经能够开花结果了。构树，古时称楮树，极易繁殖，北京随处可见。这株长在最靠近墙根处，绝对不会是特意栽种的。于我而言，构树有几大特点。第一，叶形变化多端，有的十分好看。我曾摘过它的叶子，放在扫描仪上直接扫

① 转引自陈德懋：《中国植物分类学史》，华中师范大学出版社，1993年，第262页。
② 以上参见陈德懋：《中国植物分类学史》，第三章，华中师范大学出版社，1993年。

描，效果不错，还省了拍摄。第二，雌雄异株，雌株能长出十分可爱的红色头状花序。在北京，百望山是看构树红果的最好去处。第三，它的树皮十分坚韧，据说以前用它来造纸，想必是有道理的。第四，木质松软，不易开裂。

菊芋是菊科植物，也称洋姜，东北老家叫它"鬼子姜"。它的地下

▲ 桑科构树。此图植物摄于百望山。如果B区的一株构树不被割除的话，几年后它也可能长出如此美丽的头状花序。如果它是雄的，则不会

块茎盐渍后可做成美味酱菜，口味与"六必居"生产的"甘露"（一种唇形科植物的地下茎，呈螺丝状）差不多。据说这种植物原产于北美。在东北这种植物很普遍，1993年在大连我见过野生的，2001年在北京昌平也见过野生的。北京大学东门外力学系原来的大院中种了许多，后来力学大院改建，不知那片菊芋尚存否。北大朗润园也有种植菊芋的。2002年春天，

我亲自栽种过一株，极易成活，到秋天它已经长得相当繁盛，能有两米多高，而且开出了美丽的黄花。

B区还有桑、石榴、加杨和侧柏。石榴三株，其中两株已经结实，另一株很小，明显系有意栽种的。桑一株，是野生的。想必读者都吃过这两种植物的果实。这株野生的桑，夏天我明明见到，还拍了照，冬天去核对时，已经被人砍去了。加杨共两株，有一株非常高大，是后院最高大的植物。加杨为杨柳科植物。

侧柏，也称扁柏，是柏科裸子植物。小枝扁平，叶鳞片状。极长寿，木质坚硬，不易腐烂。陕西黄帝陵轩辕庙中有数千年历史的"黄帝手植柏"，就是侧柏。北京天坛、卧佛寺、八大处、香山都有千年古柏（侧柏）。

B区另有几种不起眼的草本植物不得不提起。酢浆草多株，味酸，可

雪后的柏科侧柏

食，小时候称它"小叶山锄板"，因为叶子像农村的锄头板。我家的花盆
中至今长着许多酢浆草，并非特意种植的，只是当初野外取土时无意带回
来的。因越长越精神，不断开出黄色小花，索性留下了。还有紫草科的附
地菜，在东北我们叫它"黄瓜香"，因为用手一揉，它会散发出黄瓜的清
香味。较常见的堇菜科植物这里自然少不了，见有早开堇菜和紫花地丁。
另有一种小草是人工栽上的，它叫山麦冬，百合科的，花葶长6—20厘
米，秋天结的果实很特别，圆如大豆粒，先绿后紫黑。北大第一体育馆、
一教"振兴中华"石碑处及校医院附近都有大量栽种。北京市科学技术协
会附近也有。

　　口字型四院的右边（面向东站立时），即建筑物的南侧，仍属四院的

▲ 酢浆草科酢浆草

▲ 紫草科附地菜

▶ 堇菜科紫花地丁。开
花要明显晚于早开堇菜

地盘（这里称C区），也有一些特别的植物。外围是整齐的黄杨科黄杨。近四院南墙壁长有8株高大的杜仲，我读本科时好像刚刚栽上，如今已是直径达20—40厘米的大树了。杜仲，别名思仙、思仲，是一种有名的药材，这也使它们倍受蹂躏，每株树干上落下十多个方形的疤痕。有人，至少知道杜仲用途的人，经常在树干上剥树皮。

杜仲树外侧有六株圆柏。圆柏外面是一排四株碧

▲ 杜仲科杜仲。其皮是一种草药，时常被人为破坏。可以看到有不同时期的切割痕迹

▼ 四院南侧（C区）部分植物分布图

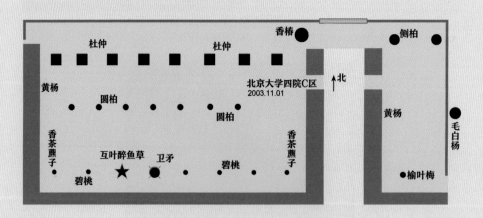

桃，中间夹有一株互叶醉鱼草和一株卫矛。东侧还有一株榆叶梅。这互叶醉鱼草在北大只见到这一棵，因而在我心目中它显得极珍贵，但它植在此处夏季不见光，生长缓慢。另外在北京国家植物园南园见过，听说北京师范大学也有。碧桃、榆叶梅就比较普通了，北京各个住宅小区中差不多都有栽种。榆叶梅每年春天紧随迎春花开放，在黄色中增加了粉红色，把春天装扮得更多彩。再晚一点开花的则是碧桃了。特别是白碧桃，它乳白色的花为周围环境增添了一丝远远就能闻到的清香。四院南侧只有红花碧桃，白碧桃要到北大东门口白颐路西侧寻了。碧桃外侧两边各有一株长得不好的香茶藨子（茶藨子科，原虎耳草科），多少年过去了它还是那么高，半死不活的，花倒是年年开，但从未结果。

卫矛在东北也叫"三棱茶"，它的叶子秋天美极了。到伊利诺伊大

▲ 互叶醉鱼草。北京大学校园只有四院这一株

▲ 蔷薇科碧桃

◀ 蔷薇科榆叶梅

学（UIUC）访问期间，我们租的房子前面有好大一片美洲卫矛，秋季它的叶子火一样红。在北京延庆的松山，我也见过十分美丽的卫矛。但四院这株现在还是丑小鸭，但愿几年后它能"红"起来，愿它的红胜过霜前的爬山虎。

C区再往东一

▲ 北京延庆的一棵野生的卫矛。它的红叶让我记起了童年，也记起了在美国香槟城一年的访学生活，那里有类似的美洲卫矛

银杏科银杏，也叫公孙树。著名裸子植物。果实称白果

点①，北侧有毛白杨和银杏，东南侧有杠柳，严格说这已经不算四院的地界了。银杏又叫公孙树，果实称白果，也是活化石。银杏的老家在中国。如果中国定出国树的话，非银杏莫属。郭沫若当年曾写过一篇《银杏》，开头是："银杏，我思念你，我不知道你为什么又叫公孙树。但一般人叫你是白果，那是容易了解

---

① 四院C区的东南角，后来植入了几株南方物种——蔷薇科石楠。石楠起初不太适应，不耐霜冻，冬季叶子枯萎了许多，几年后似乎适应了北京的冬天，年年开花结果。

的。"有一种说法，银杏生长较慢，结实较晚，爷爷种树孙子才能享受银杏的实惠。但实际上也用不了那么长的时间。山东定林寺、贵州福泉、湖南湖口都有3000多岁高龄的银杏，浙江天目山银杏也有2000多年的树龄，北京潭柘寺有一株银杏相传植于唐贞观年间，距今也约1300年了。杠柳长在北大院内有些奇特，而且是长在体育场的铁丝篱笆上。它属于夹竹桃科（原萝藦科）。

　　四院大门正前方，即西侧，是静园草坪，持续一年多的地热钻探结束后，这里新增了几种植物，如洋白蜡、黄山栾树、二乔玉兰和萱草，分别属于木樨科、无患子科、木兰科和阿福花科（原百合科）。

▲ 静园草坪南部的一株二乔玉兰，背景就是哲学系所在地四院，摄于2003年4月5日。2020年此树已不复存在

北大四院及周边有丰富的植物种类，简单统计如下^①：

裸子植物门中有2科4种：

M01柏科3种：圆柏（桧柏），侧柏，水杉。

M02银杏科1种：银杏＊。

被子植物门中有28科37种：

M03阿福花科（原百合科）1种：萱草＊。

M04茶藨子科（原虎耳草科）1种：香茶藨子。

M05大麻科（原桑科）1种：葎草。

M06豆科2种：紫藤，刺槐。

M07杜仲科1种：杜仲。

M08葫芦科1种：丝瓜。

M09黄杨科1种：黄杨。

M10夹竹桃科（原萝藦科）1种：杠柳＊。

M11堇菜科2种：早开堇菜，紫花地丁。

M12菊科1种：菊芋。

M13楝科1种：香椿。

M14列当科（原玄参科）1种：地黄。

M15木兰科1种：二乔玉兰＊。

M16木樨科3种：花叶丁香，紫丁香，洋白蜡＊。

M17葡萄科1种：地锦（爬山虎）。

M18蔷薇科4种：山桃，碧桃，山楂，海棠。

M19茄科1种：枸杞。

M20桑科1种：桑。

---

① 四院正门所对静园草地靠近南侧，后来新增了许多植物，包括梣叶槭、芍药、贴梗海棠、白鹃梅、柘树（雄株）、黄花蒿等，这些均不计算在内。

M21千屈菜科（原石榴科）1种：石榴。

M22天门冬科（原百合科）1种：山麦冬。

M23天南星科1种：半夏。

M24卫矛科2种：卫矛，扶芳藤。

M25无患子科1种：黄山栾树＊。

M26玄参科（原醉鱼草科或马钱科）1种：互叶醉鱼草。

M27旋花科2种：牵牛，裂叶牵牛。

M28杨柳科2种：加杨，毛白杨＊。

M29紫草科1种：附地菜。

M30酢浆草科1种：酢浆草。

　　四院及周边合计有30科41种植物，后来植入的君迁子、黄栌（红叶）、山杏等不计入。去掉7种带＊号的属于四院周边的植物，严格属于四院的植物也有30多种。列举多种植物，无非想说，在弹丸之地，竟然生长着如此多样的植物。仅仅四院，就足可以让学植物的学生来现场实习一天。下次到北京大学四院，别忘了看看植物，我可以做植物导游。

▼北京大学未名湖，摄于2022年3月19日湖心岛。左侧为山桃，右侧为元宝槭，水中为绿头鸭

　　其实，这一带的植物决不只限于这些，静园草坪上尖裂假还阳参（抱茎小苦荬）、中华苦荬菜、白茅、车前、旋覆花、通泉草、臭草、葶苈、荠菜、地丁草、黄花蒿、异穗薹草、草地早熟禾、野牛草、紫叶李、梅、山茱萸、北京丁香、青杆、云杉、流苏树（后来被移走）、早园竹、大花六道木、玫瑰、大叶榉、风箱果、紫薇、平枝栒子、牡丹、芍药等都没有计入。

　　▲ 北京大学一教东南角（求知路与五四路交会处）的十字花科播娘蒿。摄于2022年4月13日。虚化的部分近处为十字花科诸葛菜，远处为蔷薇科碧桃

　　四院的北部是五院，中文系所在地。院内较有特色的植物是山楂（同一株上能结出两种果子）[①]、蜡梅、多种海棠、石楠、华北珍珠梅等。夏季背阴处还能见到地钱科地钱。

<hr>

① 具体原因参见刘华杰：《天涯芳草》，北京大学出版社，2011年。

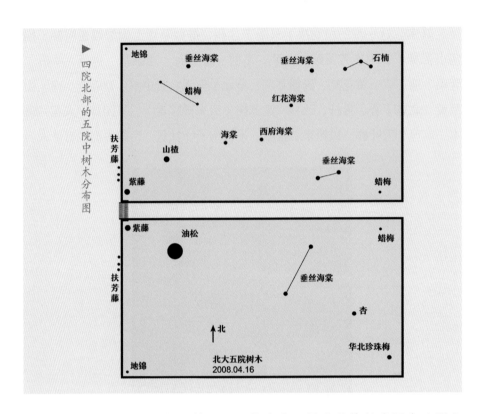

▶ 四院北部的五院中树木分布图

北京大学校园中植物整体而论比较丰富，最有价值的当属本地野生种类，而非园林部门花钱有意栽种的非华北物种。比如钝叶酸模、雀麦（《北京植物志》特意提及此两种植物北京大学有分布）、紫堇（2021年首次见于人文学苑3号院，来源不清楚）、芦苇、诸葛菜（二月兰）、茜草、蒲公英、附地菜、小叶鼠李、酸枣、小草扁担杆、旋覆花、栝楼、短尾铁线莲、甘菊、小花糖芥、点地梅、巴天酸模、尖裂假还阳参（抱茎小苦荬）、中华苦荬菜、二色补血草、荔枝草、地黄、地丁草、大花野豌豆、薤白、黑弹树、薄皮木、野皂荚。还有人悄悄引进的一些本地种：北京延胡索（保护生物学院）、小药八旦子（档案馆东侧林下）、牛蒡、省沽油（人文学苑东北角）、青檀（人文学苑东北角）、中华花荵（人文学苑3号院内）、花楸（已被有关部门清理掉）、北枳椇（拐枣）。但是园林部门花钱购买的洋草皮活不了多久，每隔几年就翻一次土，重新引进一批。为何不用本土草种呢？他们觉得不好看。为此，师生经常去有关部门提意见，但几十年下来，依然没有大的改变。北京大学校园中真正需要清理的植物种类非常少，有危害的外来物种主要是葎草（《北京植物志》书中说是本土种，但极有可能是早期入侵中国的外来种。它是最凶猛的一种植物）、香丝草（侵入北大不过10年）、牛膝、喜旱莲子草、腺龙葵（毛龙葵）、钻叶紫菀、木防己（由南方到北方，来到北大不过6年）、黄顶菊（2021年在办公楼北路口仅见一株）、鸡屎藤（由南方到北方）、五叶地锦（美国爬山虎）、火炬树、牵牛、裂叶牵牛。量比较大的只有葎草、香丝草、五叶地锦（危害不算大，只要不再继续引种即可）和鸡屎藤。

中国北方的苗圃业不够发达，几乎培育不出足够的本土苗木，只能大量购买南方的苗木，这就带来许多问题。北京的鸡屎藤等就是从南方不小心引进的，某植物园有一些是故意引进的，导致北京西山到处是鸡屎藤；火炬树也是有关部门特意引进的；豚草和三裂叶豚草在永定河流域已经泛滥，在东北广大地区已经势不可挡，入侵到了高山上。另一个问题是从南方引入许多苗木，在北京根本无法正常越冬，北京西三旗附近引进了许多荷花玉兰（原产美洲）大树作行道树，每株得上千元，无一成活（冬天怕风吹），这造成了巨大浪费。

▼ 北京大学校景亭北部的中国文物博物馆学院和红湖，摄于2022年2月13日。近处为垂柳

第二章

名正言顺：双词命名法

生物学家要是不知道生物的名字，便会迷失方向。就像中国人所说的『名不正，言不顺』。

——威尔逊（E.O.Wilson）：
《博物学家》（原译《大自然的猎人》）[一]

除了达尔文，报道林奈的文章比之报道其他任何生物学家的文章都要多，这些文章可以衡量这两位科学家对生物学的贡献。

——斯特斯（C.A.Stace）：
《植物分类学与生物系统学》[二]

①威尔逊：《大自然的猎人》（*Naturalist*），杨玉龄译，上海科学技术出版社，2000年，第217页。威尔逊的这部自传在中国出版了多个大同小异的版本。作为当代知名科学家，他自称为"博物学家"。但长期以来中译本的书名均未直译。2021年威尔逊去世前不久，中信出版社终于将此自传书名改为《博物学家》重新出版。

②斯特斯：《植物分类学与生物系统学》，韦仲新等译，科学出版社，1986年，第30页。

　　中国南北朝时有个"独眼龙"皇上萧绎（508—554），即梁元帝，幼时一目失明。关于他的故事非常多，他藏书、写书，还烧书！据说他烧的书画达二十多万卷。这位皇帝，曾写有《草名诗》和《树名诗》，将植物名嵌于诗中，语义双关，风雅别致。但是，如果不知道其中草木确切的所指，这诗也读不出什么味道。前者录于此：

草名诗

胡王迎娉主，途经蒯北游。

金钱买含笑，银釭影疏头。

初控游龙马，仍移卷柏舟。

中江离思切，蓬虆不堪秋。

况度菖蒲海，落月似悬钩。

　　这诗中，"蒯"（即蒯草），"金钱""含笑"，"釭"（即釭草），"游龙""卷柏"，"江离"（即江蓠），"蓬""菖蒲"，"悬钩"（即悬钩子）等，都是植物名。读了这诗，若知道这些植物大致的样子，在实际中将其一一辨别，便增加了情趣。有一次我到云南腾冲，写下两行字："和顺驴蹄草酒红朱雀白簕鱼腥草，绮罗虎皮楠鞭打绣球黑蒴鬼吹灯。"其中"和顺"与"绮罗"是地名，你能识别其他植物名和动物名吗？

　　即使不为了读诗、写字，单纯过生活，也不妨"多识于鸟兽草木之名"。

　　不过，了解植物的名字，名实对应起来是一种慢活儿，要一点一点地积累。

　　红姑娘、风信子、倒挂金钟、光棍树、落新妇、明开夜合、天仙子、牵牛、鸾凤玉、龟甲龙、知母、醉蝶花、细辛、桫椤、月见草、白芷、当归、留兰香、刺拐棒、长药景天、茭白、风铃草、眼镜豆、大苍角殿、结香、凤眼莲等等，都是植物名称，但它们不是学名（scientific name），而是俗名或者地方名。一种植物可能有多个不同的俗名，如莲、芙蓉、荷花指一种植物。更麻烦的是，同一个俗名可以指称许多不同的植物，有的甚至跨越了不同的科，如兰、菖蒲。这给初学者带来相当多的困惑。

植物的学名不是指其英文名或法文名，更与中国方块字无缘，而是指拉丁名。有一本书中说"所有生物的中文名称都是根据拉丁学名翻译过来的"[①]，当然也不准确。中国古代对植物有大量命名，相当多沿用至今，它们只不过不是学名罢了，谈不上与拉丁文的翻译关系。稻、榆、檓、葵等是翻译来的？北京水毛茛（*Batrachium pekinense*）的中文名与学名一同诞生，也说不上是翻译过来的，它是刘亮（1933—2001）于1980年发表的。

学名用拉丁语书写，但并非用拉丁语写的物种名都是学名！林奈之前人们为动植物起了很多烦琐的拉丁名，但它们不能叫"学名"。今天，只是在简化的意义上，可以说学名即拉丁名。

植物的学名是国际植物学界进行交流的标准用名，不同国家对植物的地方性称谓都不算数。目前国际上有不断更新的"国际植物命名法规"（International Code of Nomenclature），理论上应当为植物学界普遍遵守。1900年第一届巴黎国际植物学大会为命名法规的诞生奠定了基础，1905年第二届维也纳国际植物学大会产生了第一版"国际植物命名法规"，其中"法规"用的是"code"一词，有法典、法规和代码等含义。1950年第七届斯德哥尔摩大会成立了国际植物分类学会（IAPT），从此承担了国际植物命名法规的修订和出版的任务。1999年第十六届美国圣路易斯国际植物学大会通过了圣路易斯法规（St. Louis Code）。第十九届国际植物学大会于2017年7月23—29日在中国深圳召开。由邓云飞、张力、李德铢翻译的

---

① 详见中国科学院古脊椎动物与古人类研究所李传夔主编：《史前生物历程》，北京教育出版社、北京少年儿童出版社，2002年9月，第5页。

《国际藻类、菌物和植物命名法规（深圳法规）》（2018）由科学出版社于2021年11月出版，它是迄今最新的植物命名法规。

要想掌握并熟练运用国际植物命名法规，不是一件轻松的事情。一方面规则极其复杂，有大量例证和注释，也有许多特殊的约定。另一方面，这一法规也在变化之中，法规的每次修订都是激烈讨论后某种妥协的结果。

这里简要讲述一下与植物有关的学名问题。[①]

双词命名法

现行用拉丁文为生物命名的体系是由瑞典博物学家林奈（Carl von Linné，通常写作Carolus Linnaeus，1707—1778）于18世纪中叶确立的。他的名著《植物种志》（*Species Plantarum*）1753年出版。

1729年，业余植物学家奥勒弗·摄尔修斯（Olof Celsius，1670—1756）收藏的许多植物标本激发了青年学生林奈的兴趣。这个摄尔修斯就是人们所熟知的那个提出现代温度测量体系的安德斯·摄尔修斯（Anders Celsius，1701—1744）的叔叔。奥勒弗有广博的标本收藏，还掌管着一座重要的图书馆，林奈一下子被吸引住了。奥勒弗也发现林奈是个非凡青年，就邀请他住在自己家里，还允许他使用那里的标本和图书。他们一同到外面旅行，一起采集标本。到1730年采集工作结束，林奈已经成为一名助教。林奈正是利用这套标本开始他的《植物种志》的写作的。令人高兴的是，我们现在仍然能够看到林奈当年用过的植物标本。这些标本制作精良，保存完好，令人叹服。

[①]　主要参考了hort.science.orst.edu/classes/hort226/sci-name.htm，也参考了朱光华翻译的《国际植物命名法规（圣路易斯法规）》（科学出版社、密苏里植物园出版社，2001年）和周云龙主编的《植物生物学》（高等教育出版社，1999年）。

▲ 业余植物学家奥勒弗·摄尔修斯（Olof Celsius，1670—1756）

▲ 林奈画像。薛弗尔（J. H. Scheffel）于1739年绘制

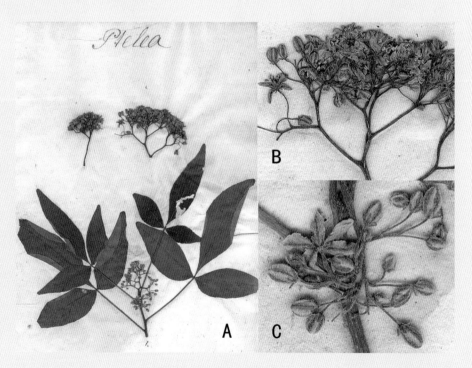

▲ 林奈本人用过并命名的榆桔（Ptelea trifoliate）标本，其中属名Ptelea（芸香科榆桔属）为林奈手书。A为标本整体图；B和C为局部放大图。图片来自瑞典自然博物馆网站，缩微胶片号IDC 62.7

▲ 林奈本人用过并命名的虞美人（*Papaver rhoeas*）标本。其中属名*Papaver*（罂粟科罂粟属）为林奈手书。图片来自瑞典自然博物馆网站，缩微胶片号IDC 212.1

在植物学知识方面，林奈也受到英国植物学家格鲁（Nehemiah Grew，1641—1711）的影响，格鲁曾担任过英国皇家学会的秘书，研究过花的功能、植物的有性繁殖等。

通过属词与限制性修饰词之组合，步步逼近，不断限制名词的指称范围以达到一个最基本的单位，这种思想非常古老，可以追踪到亚里士多德的《范畴篇》和《动物志》。这是我个人阅读中注意到的一件事，算不上什么大发现。林奈的双词命名思想直接来自瑞士（也说法国）植物学家鲍兴（Casper Bauhin，1560—1624）。早在1623年鲍兴就采用了"属名加种加词"的双词命名体系，并记述了6000多种植物。其他若干人也有类似的想法。林奈接受了这些思想，并加以完善。

▲ 瑞士（法国）植物学家鲍兴（Casper Bauhin）。他先于林奈提出了双词命名法

现在的生物学名命名体系称作林奈双词命名体系（Linnaean binomial system of nomenclature），简称"双名制"（binomial system）或者"双名法"。这一简单称谓，有一定误导性：好像物种的科学命名涉及"两个"名字的问题。其实恰恰相反，不是两个，而是一个！科学命名的关键是归一、统一、唯一，而不是二、双。

在这种科学的物种命名中，每种生命，如植物，采用两个拉丁化的单词来命名。第一个词是"属"（genus）名，第二个词是"种加词"（specific epithet）。由"属名"（genus name）和"种加词"组合起来构成的整体，叫作物种名（species name），理论上是唯一的。此组合的任何一个部分都不能叫作种名、学名。许多人经常说种加词是种名，那显然不

正确。种加词不是"名"，通常也不唯一。比如：

　　毛茛科大火草（*Anemone tomentosa*）

　　蔷薇科毛樱桃（*Cerasus tomentosa*）

　　叶下珠科（原大戟科）土蜜树（*Bridelia tomentosa*）

　　夹竹桃科（原萝藦科）假防己（*Marsdenia tomentosa*）

　　大麻科（原榆科）山黄麻（*Trema tomentosa*）

　　这些植物物种的"种加词"都是tomentosa，它在许多物种的名字中都出现，怎么能说它就是种名呢？如果强行把它说成是种名，那么在科学命名法中，种名将不唯一。物种名不唯一的命名法，还有竞争力吗？

　　翻开任何一本植物书，科、属、种是最常用到的分类单位。为什么采用拉丁化名字和拼写？首先这是源于中世纪学者的一个习惯，就像现在人们习惯用英文写东西一样。其次是因为直到19世纪中叶多数植物学出版物仍然使用拉丁语。最后，拉丁语现在已经是一种死语言，本身不再有变化，这对于学术用语恰好方便了。

　　林奈的分类直到19世纪一直左右着分类学著作，特别是在英国，大部分的植物志都采纳了他的分类体系。在20世纪初德国系统学家恩格勒（H.G.A.Engler，1844—1930）的体系垄断了整个植物界。后来较有名的分类体系是克朗奎斯特系统（1968）、塔赫他间系统（1969）和哈钦松系统（1973）。这些新体系比林奈当初的分类方案进步了许多，但命名中的双词命名法核心思想被保留了下来。

　　上一章提到了银杏树。1730年左右第一株银杏幼苗被引进欧洲的荷兰，如今在荷兰乌特列支大学植物园仍然能够见到那株树龄260多年的银杏。据传，这棵树苗当初是花40银币购进的，相当于现在的200法郎，于是银杏也称"四十银币树"。在英美等国，也称它少女头发树、孔雀树、千扇树、金色化石树等。1690年西方人在日本首次见到银杏，分类学家林奈根据标本采用Ginkgo作为银杏的属名，而以biloba为"种加词"，主要依据了叶片上部通常二分裂的特征。于是银杏的完整学名为*Ginkgo biloba*。

"种"以上的分类单位是"属"（genus），即一定数量（一种或者多种）的"种"聚合起来而构成"属"。再往上是"科"（familia，

◀ 潭柘寺的一株银杏。清乾隆皇帝封此树为"帝王树"。此树高30多米，周长9米。摄于2002年3月25日。寺院对于植物保护确实起到了特殊作用，比如普陀鹅耳枥、华贵璎珞木都是经寺院保护而免于灭绝的

▶ 银杏幼树的叶

family），即一定数量的"属"合起来聚合成"科"。依次各个分类阶元
构成植物分类的阶层系统。由高到低，植物分类的阶层系统表示如下：

植物界vegnum vegetable（拉丁名），vegetable kingdom（英文名）
门divisio，phylum
纲classis，class
目ordo，order
科familia，family
属genus，genus
种species，species

在其中还可以插入亚门、亚纲、亚目、族（tribus，tribe）、亚族、
亚属、组（sectio，section）、亚组、系（series，series）、亚种、变种
（varietas，variety）、变型（forma，form）等更细的分类阶元。"亚"字
一般通过"sub-"表示，如亚种（subspecies）、亚纲（subclassis）。

跟随在植物名后面的缩写名，是命名者（authority）或者作者
（author）的名字，指第一个科学地命名此植物物种（或亚种、变种）的
人，一般用正体排印。银杏是由林奈1771年命名的，它的学名写作：

Ginkgo biloba L.

注意其中的"L."可不是随便谁都能用的，它是林奈的专有缩写，比
如我刘某人如果将来发现一个新种，是不能使用"L."的，要写只能写作
"Liu"或老式的"Liou"。又如：

槐（*Sophora japonica* L.）
水杉（*Metasequoia glyptostroboides* Hu et Cheng.）

其中Sophora表示豆科的槐属，japonica是种加词，"L."仍然表示命名者"林奈"。Metasequoia表示柏科（原杉科）的水杉属，glyptostroboides为种加词，"Hu et Cheng."指"胡先骕与郑万钧"（详见第一章）。原则上，由属名和种加词合起来确定的物种名在世界范围内是唯一的，只与现实中具有一定特点的植物相对应。说"原则上"，是因为人们会犯错误，如某时命名了一种植物，后来可能发现当初的分类不合理。比如它不应当列在A属中而应当列在B属中，这时就要纠正错误。办法是改变属名，保留种加词。这样做既保证了科学性，也算尊重了第一个命名者。

通常所说的北美红枫（red maple），其学名是*Acer rubrum*。红枫是槭树的一种，属于无患子科（原槭树科）的"槭树属"（也称枫属），拉丁属词写作Acer。种加词为rubrum，拉丁词义为红色。

类似地，糖枫（sugar maple）的学名为*Acer saccharum*，saccharum在拉丁语中指蔗糖。春天这种树的树液是甜的。枫糖浆（Maple syrup，也叫槭糖浆）就是从这种糖枫的树液中提炼出来的，具体说是用锅煮熬。我在美国印第安纳州参观过制作枫糖的作坊，也喝过一小瓶枫糖浆，味道不错，纯天然品。小时候上山割柴，口渴时或者吃点雪，或者在色木（槭树的一种）上割个小口，甜水会流出，嘴贴上去就能吸到。

有些人觉得林奈的双词命名法太复杂，其实不然。在这种体制被采纳之前，植物物种的命名通常使用多个拉丁词。有一种石竹，学名为*Diathus caryphyllus*，那时得由9个拉丁词来命名。这好比在说，"在大二植物学课堂上坐在王小五前面染着金色头发的高个苗条女孩"。林奈实际上对物种的命名进行了简化、标准化，其双词命名法的合理性、有效性促使人们逐渐接受了，现在全球生物学界仍然采用。

你可能说，我们还是可以直接使用植物的俗名（common names）。没错，可以用Red Maple来称呼红枫，用Sugar Maple来称呼糖枫。我们仍然可以把一种鼠李科植物叫作"老鸦眼"（因其果实像乌鸦的眼睛）。俗名

▲ 采集枫糖水。把一种专用的细钢管钉进无患子科槭属植物的树干中，枫糖水顺管流进收集袋中。这种液体可直接饮用，也可加工成枫糖浆。1999年摄于美国印第安纳州

非常重要，代表着一种地方性知识，不应当简单地抛弃。但是，俗名的适用范围有限，通常只对局部地区的人来说才是共同的（common）。

一种多花蓝果树 *Nyssa sylvatica*，在美国东部至少有4个俗名。在英格兰，白睡莲（white waterlily）有15个俗名，如果算上德国、法国和荷兰的叫法，它有超过240个俗名。有时，一个俗名在不同地区，用来指称完全不同的植物。在佐治亚，一种黄花稔属（*Sida*）的植物叫ironweed，而在中西部ironweed却指称一种斑鸠菊属（*Vernonia*）的植物，这两种植物处于完全不同的植物科（plant families），分别属于锦葵科（Malvaceae）和菊科（Compositae）。俗名通常不提供属或种间关系的信息，它们彼此独立。有些植物，特别是一些新确认的稀有品种，并没有俗名。由于我们频繁与世界上各种各样的人交流，采用一种万能的语言，用一种单一的一

致认同的名字来为一种生物命名，有极大的便利之处。因此，林奈的双词命名法取得了成功，一是方便了学人，另一方面它将物种的名字最终嵌入生命树的具体分枝之中，使命名与生命演化直接关联起来（林奈时代做不到，但现在一点一点在实现）。

作为约定，植物的学名一般用斜体排印或底下划线，属名首字母大写，种加词一律小写（不管是否涉及人名、地名）。

园艺植物比较复杂，通常涉及杂交，属名容易搞清楚，而种加词不好办。不同植物杂交，如两种不同枫树（*Acer*）杂交，有可能获得后代。书写此类杂交植物的学名通常用到交叉号"×"。商业草莓是杂交的，是两种*Fragaria*（草莓属）物种*Fragaria chiloensis*和*Fragaria virginiana*杂交的产物。商业草莓的学名是：

Fragaria × ananassa

其中"×"表示它是一个杂交种。注意不能写成*Fragaria ×ananassa*，这样的话容易把符号×错误地理解成字母X（或小写的x）。为避免这种情况发生，杂交符号×前后需要各留一格空白。现在人们书写草莓学名时，有时又把中间的"×"符号省略了。

拼写

按照西方语言的意思来理解，种加词通常是一个形容词，用来修饰一个物种比较独特的、但有时并非有密切关联的特征，如*Acer saccharum*，其中saccharum指这种树含糖。在拉丁语中，种加词的"性"通常要与属名的"性"保持一致。因此，如果属名具有"阳性"词尾-us，那么种加词可能拼作albus，但是如果属名是"阴性"的，拼写将为alba。

但是，判断阴性还是阳性，并非都一目了然。有规则，也有例外。

Quercus的词尾虽然是-us，但它是"阴性"的，因此对于植物拉丁语，东方白栎树（Eastern white oak）的学名为*Qurecus alba*。原因在于，习惯上把所有树都视为"阴性"的，这是古典拉丁语的通常约定。种加词也可以是一个名词，本身带有"性"。当种加词源自某个人名时，若此人名字以一个元音字母或者-er结尾，则要加上-i，例如，如果命名者为Robert Fortune时，它就变成了fortunei。如果人名以辅音字母结尾，要加上字母-ii，如Darwin（达尔文）就变成了darwinii。如果命名者为一女性，词尾为-iae或-ae。种加词源于地理名时，通常以-ensis，-nus，-inus，-ianus，或-icus结尾，如chinensis。其他因素也会影响种加词的词尾。

发音

《植物学拉丁语》（*Botanical Latin*）一书指出："植物学拉丁语本质上是一种书面语言，但植物的学名经常出现在日常会话当中。如果它们听起来不难听，所有关心它们的人都能够听懂，那么它们如何发音其实并不太重要。通常可按照古典拉丁语的发音规则，得知它们的发音方法。不过，有好多个体系，因为人们通常把拉丁词语与他们自己的语言中的词语类比进行发音。"[1]

一些术语

属（Genus）：可以弱定义为由一个或者多个物种构成的有些密切联系的生物（植物）群体。属的上一级是科，下一级是种。同一科下，同一属的植物共同特征更多一些。花和果的相似性是用得最多的来进行比较的特征。一个属可以只包含一个物种，如*Ginkgo*（银杏属），也可以包含上

---

[1] 转引自William T. Stearn. *Botanical Latin*. Portland: Timber Press, 2004。

百个物种，如*Rosa*（蔷薇属）。林奈当年写过《植物属志》。

种（Species）：也称物种，指植物多个分类层级中较基本的一层，其上为属，其下为亚种、变种等。界定物种有多种不同的思路。通常认为，一定地理空间内分布的、可以繁殖后代的植物个体组成的群体叫植物物种，种内个体的基因相似度较高。种的划分，既有客观性也有主观性，两者的混合反映了生命演化的复杂性和认知过程的复杂性。

理论上，一个物种在形态上应当明显区别于其他物种，但在实际中有的区分明显有的不明显。对于一个给定物种，其所有个体并非完全相同，其实个个不同，只在统计意义上它们表现出一些共性。可以设想，在"种"这个分类群中，特征在每一个个体身上都可能以不同的程度表现出来，以钟形曲线分布。以人为例，人类被视为一个单一的物种*Homo sapiens*，但我们知道，世界各地的人在形态上并非完全相同。白人、黑人、黄种人等都是人这个种内的差异。带着这样的观念，我们走进森林、草地，看到某一物种的不同个体，看看它们之间有多大差别。当我们描述某一物种并对其采样时，应当尽可能多检查一些个体，尽可能取有代表性的样本，不宜特意选择极特殊的个体来代表整个群体。

物种单数缩写为sp.，复数缩写为spp.。

变种（Variety，拉丁词为varietas，缩写为var.）：在植物学的意义上，变种是种下的一个分类层级，它所囊括的植物群体有明显的特征差别，且此差别可以遗传。变种缩写为var.，表示变种的"加词"用小写斜体排印，但var.仍然用正体。例如，通常的野生皂荚（honeylocust）有刺，但是也发现了无刺的皂荚。这种皂荚是*Gleditsia triacanthos*（三刺皂荚，或者叫美国皂荚），而那种无刺的皂荚叫作*Gleditsia triacanthos* var. *inermis*（美国无刺皂荚）。其中tricanthose = 三刺，inermis = 未装甲，即没有刺。有时亚种（subspecies，缩写为subsp.）与变种混用。它们的使用取决于作者所属的不同的分类"学派"。

变型（Form，拉丁词为forma，缩写为f.）：用于识别和描述偶发的变异，如在通常紫花的植物物种中，偶尔会出现白化的花。例如，梾木（*Cornus florida*，多花梾木）本性上通常是白花，但也会出现桃红色花。它们可以写作*Cornus florida* f. *rubra*（玫瑰梾木）。

不过，有人可能把它当作一种变种特征，于是有如下表示：*Cornus florida* var. *rubra*（玫瑰梾木）。

当前的分类学家很少使用变型（form）这一术语，不过在园艺文献中还要用到这个词。

栽培变种（Cultivar，中文也称"品种"，缩写为cv.，有时用引号标示）：由拜雷（L.H. Bailey）给出的一个相对较现代的术语，源于cultivated variety（栽培导致的变种）。可定义为由一个或者多个特征明显地加以区分相关但不同栽培植物的一种集合，它们在繁殖（有性或者无性）中能够保持它们独有的特征。一种挪威枫*Acer platanoides*被称作紫叶"深红王"，它的名字写作：

Acer platanoides 'Crimson King'

注意栽培变种加词两边有单引号。"栽培变种"缩写为cv.，于是那种植物也可以命名为（单引号去掉）：*Acer platanoides* cv. Crimson King。究竟如何书写，取决于主编的习惯，保持一致就好。

专利与商标（Patents and Trademarks）：专利为发明人作出、使用和出售其发明的专有权（exclusive rights）。引进植物可以批准专利。从专利标记的日期开始之后17年（近来延长到20年），只有专利持有人可以在商业上解除或者出售一个专利植物。其他人可以通过许可证或者与专利持有人达成支付使用费用协议的方式来这样做。

商标提供了另外一种较简单的保护形式。一种植物的名字可以被注册成商标。注册了商标的植物名用商标使用标记来标明。名字的用法由法律控制，可以不限期地延续，但在美国它们的用法在各个州可能是不同的。

栽培变种（品种）名被认为是对植物的描述，它可以按国际命名法规登录。如有"国际梅品种登录中心"这样的机构。商标名不适用于命名法规。因此，除了栽培变种名外，为了申请商标需要一个独特或者新颖的名字。商标名被视为"品牌名"，类似于"吉列"是一种刀片的名字，并不具有分类有效性。进而，如果一个商标名作为栽培变种名被通用于国际注册或者印刷品，那么这个名字便失去了发明者（培育者）的保护地位。

因此，注册了商标的植物通常有一个商标名和一个栽培变种（品种）名。在这种情况下，栽培变种名通常被认为是一个"无意义的"的名字，它在商业中很少用到。商标注册名是出于商业考虑的名字。但是，所谓的无意义的栽培变种名是适用于命名法规的名字。

苗圃目录或简介有时不太注意植物正确的栽培变种名和商标名。名字的使用经常变得混乱，商标名有时被当成栽培变种名。一个名字混乱的例子是，在美国俄勒冈州的无聊镇（Boring town），Frank J. Schmidt苗圃栽培的一种流行的红枫（*Acer rubrum*），其商标名为Red Sunset，其栽培变种名为'Franksred'，但是它有时被错误地标记为'Red Sunset'。参观各种园艺博览会，能够发现，植物标牌上有关名字的书写，竟然很少是正确的、标准化的，这是需要改进的。

在20世纪上半叶以前，人们没有通过直接操纵植物的基因来改变植物的遗传特征，育种采用的是宏观方法。但随着分子生物学的发展，后来转基因植物大量涌现，特别是转基因大豆、棉花、玉米、油菜、土豆、烟草、西红柿、向日葵等食品类作物发展迅速，人们有时可以随心所欲，把想要的基因在物种间转来转去，甚至可以打破动植物的界限。1996年全世界转基因作物种植面积为1.7万平方千米，而到2000年就已经增加到44.2万平方千米。中国2001年进口大豆1500万吨（与国内产量持平），几乎全是转基因大豆，但进入中国后，当时几乎没有一种相关产品有转基因标识。2002年初农业农村部已经颁布《农业转基因生物标识管理办法》，但基本没有执行。人为转移基因会不会改变物种？从现有的水平看，似乎还没有

彻底改变物种。但很难说量的积累不会导致新物种的出现。转基因生物是
否安全是一个问题，公众的知情权是另外一个问题，即使前者没有定论，
公众也可以持续要求知情权。可以设想有一天，学者要专门考虑转基因生
物的命名问题，那时双词命名法还管用吗？不知道。

对双词命名法的误解

双词命名法早已被科学界所遵守，不过，对双词命名法的误解却并非
仅仅来自外行的普通读者。举若干例子如下：

《少年动物学》："双名法，即物种的名称由三部分组成：属名＋种
名，就好像我们的名字那样有姓有名，表达了亲缘关系。除此之外后面还
要加上命名者之名，就更不容易错了。"[①]

《少年植物学》："每一学名由两个部分组成，第一个是属名，字头
要大写；后面的是种名，字头要小写。"[②]

这两个例子中都明确认为在双词命名法下存在一个由单个词构成的
"种名"。这是不对的。双词命名法的要义在于单一名字而非两个或多个
名字，一物种的名字通常用两个拉丁词表示：属名＋种加词。其中，"种
加词"不是"种名"。那么什么是"种名"呢？其实如双词命名法所暗示
的，指"属名＋种加词"这样一个集合，而不是其中的某一部分。

这本来是相当清楚的事情，但是，把"种加词"当成"物种名"看待
的错误，同样出现在《未亡的恐龙》一书中。

《未亡的恐龙》："在双名法中，第一个是属名，以大写字母开头，
第二个是种名，以小写字母开头，比如'*Beipiaosaurus inexpectus*'，
'*inexpectus*'是这种恐龙的种名，'*Beipiaosaurus*'是这种恐龙的属名。

---

① 朱正威编著：《少年动物学》，科学普及出版社，2000年，第2页。
② 祈乃成主编：《少年植物学》，科学普及出版社，2000年，第150页。

属名只能使用一次，不能重复，但是种名可以重复使用。比如在恐龙当中有杨氏鹦鹉嘴龙和杨氏朝阳龙。种名'杨氏'在两个物种中相同，但是属名却不同。这样的属名在前种名在后的命名方法，简便易行，不易混淆。"[1]

同样，该书作者也认为inexpectus是"种名"，在后面的例子中他又称"杨氏"是"种名"，这都是不准确的。

不过，联想到这类科普读物谬论不断，出现以上一点错误也就不怪了。《绿色魔术：植物的故事》一书的图片张冠李戴，蒲公英竟然长出了高高的地上茎：一张插图所示植物显然不是蒲公英，其图说竟然是"蒲公英的种子在飞翔"。[2]

比较而言，动物界对命名法的误解要远多于植物界。多年以后，我才找到可能的根源：事情不能全怪中国人，英文表述的动物命名法规本身负有责任。相较于有同样法律效力的法文版动物命名法规，英文版法规的文本是有缺陷的（特别是其第5.1款）。而中国人通常是通过英文版动物命名法规或其中文翻译而了解命名规则的，于是英语世界和多数中国作者经常出现的误解与英文版命名法规文本表述不当有相当大的关系。此事我已经在写给《东非野生动物手册》（中国大百科全书出版社，2021年）的序言中详细讲解了。

谱系法规将淘汰林奈体系吗？

国际谱系命名法规（The International Code of Phylogenetic Nomenclature，简称PhyloCode，也可译成国际系统发生法规）是生物界非常热门的话题之一，《自然》《科学》等杂志都有专题讨论。

---

[1] 徐星：《未亡的恐龙》，上海科学技术出版社，2001年，第18—19页。
[2] 文朴编译：《绿色魔术：植物的故事》，团结出版社，2001年。

谱系法规，意思是依据系统发生对生物体进行命名的法规。它是针对现存的林奈生物命名体系的缺点而提出的新体系，目前还没有完全建立起来，其主要倡导者为动物学家德奎洛兹（K. de Queiroz）和植物系统学家坎迪诺（P.D.Cantino）。

新的命名体系考虑的重点是生命体之间的系统发育关系，林奈体系是一种多少有主观性的命法体系（需要注意的是，并非完全的主观性，它同样有相当的客观性），它不能令人满意地命名进化枝（clades）和物种（species），而这两个概念理应客观地、不含糊地指向生命树的实体（entities），而且要有相当的稳定性。林奈体系又是一个有着多种等级阶元的生物命名体系，处于等级体系中的物种名实际上并不能很好地反映系统发生关系，与专门的进化枝也不能很好地对应起来。

支持谱系法规者，目前的动机并非立即取代现存的命名体系，并且希望尽可能少地损害现有的命名遗产。为了稳定性与连续性，在林奈体系中的大多数名字会被沿用，但将被赋予新的含义。在林奈命名体系中被保留下来的种、属、科、目、纲、门、界等阶层名字，在谱系法规中被重新定义后，不再具有等级含义。

系统发生命名法的主要特点是：（1）体系无等级。尽管分类群（taxa）与等级有关，但等级的指定并不是命名过程的一部分。（2）新的规则是为命名"进化枝"提供的，最终将命名"物种"。在这一体系中，类型"物种"和"进化枝"是没有等级的，只是不同的生物实体（entities）的种类。两者都是进化的产物，而非分类学家或者系统学家创造的东西（当然，理论上是如此，在实际操作中它们依然是由人创造的、可更改的），两者的"所指"（reference）都是客观存在的，理论上与如何命名没有关系。（3）与现有的命名法规相对照的是，超种名（supraspecific names）不再具有现在法规中的那种类型的含义。

PhyloCode的理论基础是由Queiroz和Gauthier（1990，1992，1994）的一系列论文建立的，强调了分类群可以通过系统发育树来建立的思想。

PhyloCode的文本从1997年秋季开始准备，后来加入的学者越来越多，也召开过多次学术讨论会。目前反对与支持者都大有人在。有人认为它将埋葬使用了两百多年的林奈体系。

不过，也有人指出，谱系命名操作起来很困难。谱系法规中分类单元的名称是以其所属谱系内部各成员之间的相互关系来定义的，要求系统分类学家在命名前必须预先掌握系统发生的假说。事情也许不像其倡导者宣称的那样使生物的命名和分类更加明晰，可能产生更多混乱。有人干脆说，应该摈弃的是谱系法规，而非林奈系统。

目前，总体发展趋势是有利于谱系法规的，这主要得益于达尔文的生命演化思想在信息时代强有力的技术支持，比如分子测序的便捷性。重要的进展在于，越来越多的人在使用新的分类方案。宏观搞不定的情况下，便借助于微观，分子测序结果成为可以参考的重要指标。这是时代发展使然。提醒读者注意的是，分类命名是集体积累性的事业。做出优秀的分类工作，需要野外博物调查、标本采集、测序、综合直觉与洞察力几个方面相结合。

大家不妨看一看。持续了200多年的林奈双词命名法会就从此终结吗？大概不可能。但是新的体系有自己的长处，现在正在争取生存权。新体系的动机是很好的，试图通过命名直接反映生物之间的演化关系，但是近期看优势并不明显，不如林奈体系简明适用，长远看倒可能代表着一种趋势。

需要明确的一点是，林奈体系或者传统意义上的多种分类体系，绝对不只是单纯的"人为系统"，以分子测序为依据的新分类方案也绝对不是单纯的"自然系统"，它们都是自然与人为的混合物，多多少少罢了。许多科学史家在评论传统分类方案时，过分指责其"人为性"，是不公正、不符合实际的。同样，赞成新方案时，鼓吹其"自然性"也要适当，要注意其内在的人为构造。

第三章

术语图解：

正名求知

正名就是求知。

——拉丁谚语[一]

科技名词有严格的含义，到底代表什么，必须是准确的，没有歧义的，不是随便说的。

——马大猷：《名词工作是我科研活动的一部分》[二]

---

①曼德布罗特：《大自然的分形几何学》，上海远东出版社，1998年，第5页。

②载《科技术语研究》，2002年第4期，第9页。马大猷（1915—2012）院士是物理学家、声学家，人民大会堂音质效果的主要设计者。他曾连续四届任全国科学技术名词审定委员会委员。

　　植物学是一门科学，与其他学科一样，它有大量专业术语。本书只涉及植物形态学方面的内容，但相关的概念、术语也非常多，而且用语言描述起来较困难。有时说了半天，初学者还是不知道怎么回事。解决问题的一个办法是少说（写）多看：看图了解术语。

　　每个人都认识许多人，比如自家的亲属，小学、中学、大学的同学，有的十年后相逢，仍然能够一眼就认出来。我们靠的是什么？是某些复杂的文字刻画吗？不是，而是视觉形象。有时图像认知会出错，比如把老张认成了老李，但这种办法仍是极其有效的。认识植物也一样，尤其是初学者借助图形比较直观。在有一定基础之后，再学着用检索表辨别植物。

　　为植物画像，是传授植物知识的有效办法，这种办法用了上千年。一般的植物书多配以黑白线条图，为强调某些特征，有选择地绘制，有时有意或者无意忽略某些方面。但是黑白图又有缺点，它失去了颜色方面的信息。

　　掌握植物形态术语，是为了方便、准确地描述植物。当遇到不认识的植物时，如果能使用比较准确的术语来描述其长相，专家也容易猜到你看到的是哪类植物，甚至能够鉴别到种。

　　这里以简明的方式介绍八十几个常用植物描述方面的术语。事实上有的只需给出图形，根本不需要进一步解释。对于完整地描述多种多样的植物，如此少的词汇远远不够。介绍500个也许还差不多。詹姆斯·吉·哈里斯和米琳达·沃尔芙·哈里斯（J.G.Harris and M.W.Harris）的《图解植物学词典》（*Plant Identification Terminology: An Illustrated Glossary*，2001）收入词条2400个，80与2400相比，占1/30。本书没有野心，如果读者真的掌握了这80个术语，也算小有收获。将来有一天，哪位如果还记得是从这本书第一次知道某个植物术语的，我将非常得意。

　　我甚至认为读者只掌握其中20个概念也行。一名专业的植物分类学家可能掌握2000个术语，而你是其20/2000=1/100，这也是相当不错的成绩了。此外，在了解术语的过程中，读者一定还可以认识一些植物。

补充两点，一是植物形态学中的概念比物理学、化学中的概念要好理解和直观得多，说清楚"电子""氢键""规范场""量子""DNA""超弦"等，确实不容易，但说清楚"左旋""叶对生""子房下位""蒴果"等，是比较容易的。二是非线性科学中提出了迭代函数系统（IFS）和L系统的方法，用它们可以生成许多有趣的植物形态图。[①]反过来，我们也可以猜测复杂的植物形态是由简单的代码控制而生成的，这与基因有关。也许有朝一日，对于许多植物，我们能够给出一组简明的IFS迭代规则。但是现在还做不到，我们仍然要用传统方法描述植物。

▲ 用迭代函数系统（IFS）生成的蕨类植物形态，它的代码十分简单

————————

① 详细内容可参见刘华杰：《分形艺术》，湖南科学技术出版社，1998年。

下面直接介绍若干植物形态术语。

词条格式为：术语（英文名）：解释。

图注的格式为：说明。植物名，科名。其他说明。

一、叶

01复叶（compound leaf）：两枚或者两枚以上小叶（leaflet）组成的叶。复叶与单叶相对。复叶分奇数羽状复叶和偶数羽状复叶。

▲ 单叶：单枚叶直接长在茎上。君迁子（黑枣），柿树科。这里，叶是互生的

▲ 偶数羽状复叶。香椿，楝科。复叶的顶端没有尖端叶

▲ 奇数羽状复叶。花椒，芸香科

02奇数羽状（odd-pinnate）复叶：小叶呈羽毛状排列，顶端有一枚小叶，合计为奇数。类似地，"偶数羽状（even-pinnate）复叶"，就能够猜测到了。

► 奇数羽状复叶。盐肤木，漆树科
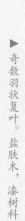

▲ 三出复叶。葛，豆科
▼ 二回羽状复叶。复羽叶栾树，无患子科

▲ 掌状复叶。鹅掌柴，五加科
▼ 二回三出复叶。短尾铁线莲，毛茛科

▲ 全缘叶。野大豆，豆科。三出复叶，小叶全缘　　▲ 叶缘有锯齿。栗，壳斗科

03三出（ternate）复叶：由一个叶柄生出三个小叶。

04掌状（palmate）复叶：从同一点生出多个呈手掌状排列的小叶的复叶。

05二回羽状（bipinnate）复叶：羽状小叶着生在二级分枝的叶柄上。

06全缘的（entire）：无齿、缺刻或者裂片的。如全缘叶。

07具齿的（dentate）：边缘有锯齿。如叶缘具锯齿。

▲ 心形叶。牛皮消，夹竹桃科（原萝藦科）　　　▲ 戟形叶。野慈姑，泽泻科

▲ 平行叶脉。君子兰，石蒜科　　　　　　　　▲ 卵形叶。黄栌（红叶），漆树科（黄栌属）

08心形（cordiform）：像心脏一样的形状。如心形叶。

09戟形（hastiform）：有三个角，下边的两角外张。如戟形叶。

10平行脉的（parallelodromous）：主脉平行于叶轴或者主脉彼此平行的。如平行叶脉。

11卵形的（ovate）：轮廓卵形。如卵形叶。

12扇形的（flabellate）：见过扇子吧，就那种形状。如扇形叶。

▼ 扇形叶。银杏，银杏科

13披针形的（lanceolate）：矛形，如披针形叶，叶的长度远大于宽度，最宽部靠近叶柄一侧。

14截形的（truncate）：先端刀切状。如截形叶。

15具鞘的（sheathing）：鞘状，叶的基部包住茎。

16对生连基抱茎的（connate-perfoliate）：对生叶的基部联合并围绕茎干。

17莲座状的（rosulate）：叶子呈辐射状排列在地面或近地面。

▲ 披针形叶。杧果，漆树科　　　　　　　▲ 披针形叶。山桃，蔷薇科

▲ 截形叶。鹅掌楸（马褂木），木兰科。见红色箭头所指方向

▲ 叶鞘。酸模叶蓼，蓼科。见红色箭头所指处

▼ 对生连基抱茎叶。串叶松香草，菊科

▼ 莲座状叶。莲花掌，景天科

▲ 叶轮生。草本威灵仙，车前科（原玄参科）　　▲ 叶互生。小花扁担杆（孩儿
　　　　　　　　　　　　　　　　　　　　　　　拳头），锦葵科（原椴树科）

▼ 叶对生。紫丁香，木樨科　　　　　　　　　　▼ 叶套折。野鸢尾，鸢尾科

18轮生的（verticillate，whorled）：各部分成轮状排列。如叶轮生。

19对生的（opposite）：两两相对而生，如叶对生。

20互生的（alternate）：每个节上着生一个，交替向前着生，如叶互生。

21套折的（equitant）：相互交叠成两列。如鸢尾属植物的叶。

22深裂的（parted）：叶裂超过中脉长度的一半以上。

▼ 叶五深裂。元宝槭，无患子科（原槭树科）。中间1—3个小裂片上部通常再三裂

▼ 羽状深裂（或羽状全裂）。漏芦，菊科

▲ 网状脉。中平树,大戟科

▲ 拳卷叶芽。乌毛蕨,乌毛蕨科

▼ 叶痕。香椿,楝科。对比以上两图,从叶痕也很容易区分臭椿和香椿

▼ 叶痕。臭椿,苦木科

23网状脉的（net-veined）：叶脉网络状。

24拳卷叶芽（crosier）：真蕨幼叶卷曲的顶端，形如拳头。

25叶痕（leaf scar）：叶自然脱落后在枝上留下的痕迹。

26具重锯齿的（biserrate）：叶缘锯齿上还有小锯齿。

27抱茎的（amplexicaul）：叶的基部紧抱着茎干。

▼ 叶缘重锯齿状。珍珠梅，蔷薇科

▼ 抱茎叶。尖裂假还阳参（抱茎小苦荬），菊科

▲ 托叶。歪头菜，豆科

▲ 托叶刺，属于叶刺，不同于枝刺。刺槐，豆科。托叶刺由托叶变化而来，是变态的叶

▼ 托叶（针）刺，由托叶或叶轴硬化而成，宿存，稀脱落。锦鸡儿，豆科

▼ 托叶刺。刺槐，豆科

28托叶的（stipular）：与托叶有关的。

29倒向羽裂的（runcinate）：急羽裂或半裂，裂片指向叶的基部方向。

▲ 倒向羽裂叶。翅果菊（山莴苣），菊科

▲ 倒向羽裂叶。蒲公英，菊科

二、茎

01右旋的（dextrorse，to the right hand）：沿生长方向，绕轴向右旋转缠绕。如右旋茎。在缠绕植物中，这种茎相对较多。左旋和右旋，也称作手性、手征性。注意，单纯旋转操作，不改变手性。这一点很重要，在森林中，有时不容易在局部确定茎的生长端，但这不影响对手性的判定。

▲ 右旋茎。紫藤，豆科

▲ 右旋的紫藤（A）和左旋的多花紫藤（B），两者均为豆科。本来这一株植物为右手性的紫藤，后来我在其上嫁接了一枝左手性的多花紫藤。此图中两个种的茎缠绕在一起，如果没有中间的主茎作参照，无法严格区分旋转方向

02左旋的（sinistrorse，to the left hand）：沿生长方向，绕轴向左旋转缠绕。如左旋茎。在缠绕植物中，这种茎相对较少。

03鳞茎（bulb）：具有增厚肉质鳞片的地下芽。

▲ 左旋茎。葎草，大麻科（原桑科）。注　　　▲ 鳞茎。山丹，百合科
意此植物公转左旋转，自转右旋或者中性

04具皮刺的（aculeate）：茎表面覆盖皮刺（prickle）。

05刺（thorn）：针状的变态茎或短枝，也称刺、枝刺、棘刺、长刺。

▲ 皮刺。美蔷薇，蔷薇科。皮刺既可以长在茎的表皮上，也可以长在叶上。皮刺与茎或叶之间无维管组织直接相连。此条虽放在"茎"之下，严格讲它不完全属于"茎"，而属于植物"表面"的特征

▲ 皮刺。花椒、芸香科

▲ 茎刺，或枝刺。皂荚，豆科　　▲ 棘刺。柘树，桑科

▲ 小枝针刺，位于小枝顶端或分　▲ 钩刺，由营养枝变态而成。钩藤，茜草科
岔处。小叶鼠李，鼠李科

▶ 匍匐根状茎。芦苇，禾本科

◀▶ 肥厚的根状茎：块茎状。天麻，兰科

06根状茎（rhizome）：
地下根状的茎，通常横生。

07木栓（suber）：茎的
表面生长的一种有弹性的保
护层。

▶ 木栓翅：向外辐射的翅状挡板。也用具翅茎的（pterocaulous）来描述。卫矛，卫矛科

三、花

01苞片（bract）：在花或花序基部的退化的叶或叶状结构。

▲ 苞片。二乔玉兰，木兰科。白色箭头所指处

▲ 总苞片。祁州漏芦，菊科。见红色箭头所指处

▼ 佛焰苞。花烛，天南星
科。见红色箭头所指处 　　▼ 壳斗。壳斗科栎属，种未定。见蓝色箭头所指处

柔荑花序。毛白杨，杨柳科

复伞形花序。当归，伞形科。注意：伞形科通常具有复伞形花序，五加科具有伞形花序

02总苞片（phyllary）：菊科植物一簇或多层苞片。

03壳斗（cupule）：由多层苞片组成的杯状总苞。

04佛焰苞：侧展并半包围或全包花序的一片或一对大苞片。

05柔荑（音tí）花序（catkin）：由无被单性花组成的密集的穗状或者总状花序。

06复伞形花序（compound umbel）：二级伞形花序，花梗大致从一点出发向上伸展，然后每一支再分出小伞（umbellet），有两级节点。

▲ 距。欧耧斗菜，毛茛科　　　　　　　　　　　▲ 距。翠雀，毛茛科

▲ 隐头花序。无花果，桑科。蓝箭头指向花，红箭头指向小孔

07距（spur）：花瓣或者花萼片上的细小的囊状中空附属结构。

08隐头花序：由着生于头状花序壁上的花组成的花序。花在里面，有小孔与外联通。

09宿存的（persistent）：某一结构当功能完成后，相似部分正常脱落，仍能存留，如宿存花萼。

▲ 宿存花萼。海州常山，唇形科（原马鞭草科）。花萼蕾时绿白色，后变成紫红色，果实成熟后，萼片宿存，在外面托着球形果。注意，呈五裂排列的红色部分不是花瓣（已经结出果实了，显然不是花），而是花萼片

▲ 尚未完全开放的山杏花。山杏，蔷薇科。A为苞片（bract），B为萼筒（calyx tube），合生花萼的筒状联合部分），C为萼裂片（calyx lobe）或萼齿（calyx tooth），D为花瓣（petal）

▲ 开放的山杏花

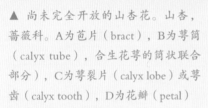

▼ 山杏花解剖图。AC为雄蕊，DBE为雌蕊（pistil），D为柱头（stigma），E为子房（ovary），F为花后反折的萼裂片，G为花瓣（这里为离瓣花）

▼ 花萼、副萼及花冠。野西瓜苗，锦葵科。黄箭头所示为花冠；红箭头所示为花萼；蓝箭头所示为副萼（calycle）

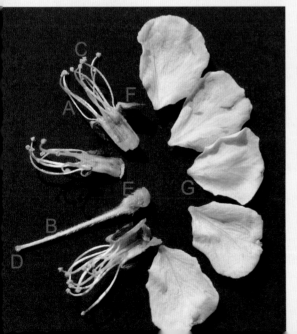

10雄蕊（stamen, pl. stamina）：花的雄性生殖器官，由花药（anther，C所示）和花丝（filament，A所示）组成。

11花被（floral envelop）：花萼（calyx）与花冠（corolla）的总称。

12花瓣（petal）：花冠的单个裂片或部分，可具各种颜色。

13花序轴（rachis）：花序的主轴。

▼ 花序轴。凤尾丝兰，天门冬科（原龙舌兰科或百合科）

▼ 花瓣。石竹，石竹科

▲ 下垂萼片。德国鸢尾，鸢尾科

▲ 花瓣与下垂萼片。鸢尾，鸢尾科

▲ 盔瓣。北乌头，毛茛科

▲ 唇口。角蒿，紫葳科

▲ 拖鞋状唇瓣。硬叶兜兰，兰科

▲ 花被管。厚萼凌霄，紫葳科

14拖鞋状的（calceolate）：鞋或者拖鞋状，如某些兰花的唇瓣。

15下垂萼片（falls）：鸢尾属的花萼片。

16盔瓣（cucullus）：位于上部上兜状瓣，形似头盔。

17唇口（rictus）：唇形花冠的开口。

18花被管（floral tube）：花被的长管状部分。

▲ 总状花序。小药八旦子，罂粟科　　　　　▲ 总状花序。黄堇，罂粟科

▼ 花左右对称。裂叶堇菜，堇菜科

▲ 头状花序。结香，瑞香科　▲ 头状花序。蓝刺头，菊科

19总状花序（raceme）：花序长而不分枝，花具柄，在轴上由基部向上渐次成熟。

20左右对称的（zygomorphic）：两侧对称。通过中央一个平面能将花分成互为镜像的两个部分。但现实中通常两个部分只是近似。多见于兰科、堇菜科等。

21头状花序（head）：由密集成簇的无柄或近无柄的花组成的花序。

▲ 长侧枝聚伞花序。水葱，莎草科　　▲ 合瓣花。蒚梗花，忍冬科

◀ 海绵质花托，果期膨大，变为莲房（莲）。其中的坚果为椭球形。莲，莲科

22 长侧枝聚伞花序（anthela）：侧花枝长度超出主轴长度的花序，见于蒚草属、灯芯草属，也常称复聚伞花序。

▲ 蒴果。文冠果，无患子科

▲ 孔裂蒴果。东方罂粟，罂粟科。此时还见不到小孔，成熟后将在两红色箭头交叉处出现

23合瓣的（sympetalous）：花瓣联合在一起。

24花托（thalamus;torus）：花的承载结构。

花的结构对于植物分类极其关键，想了解更多相关知识可参考洪亚平著《花的精细解剖和结构观察》（中国林业出版社，2017年）。

四、果

01蒴果（capsule）：由两个或者多个心皮形成的开裂干果。

02孔裂蒴果（poricidal capsule）：由孔状开裂的蒴果。

03莱果（legume）:由单个心皮形成的通常沿两条缝开裂的干果。

04翅果（samara）：具翅的不开裂的干果。

05短角果（silicle）：十字花科的一种开裂干果，果长小于二倍果宽。

06球果（cone）：裸子植物的生殖器官，由胚轴、苞鳞、不发的短枝、种子、种鳞组成。

▼ 雌球果。油松，松科。干燥雌球果开裂。鳞盾旋臂由里向外顺时针8条，逆时针对13条。8和13为菲波纳契数列中的一对相邻项。对于柏科巨杉，该组合为{3, 5}，松科毛皮松和松科桦山松均为{5, 8}

▼ 雌球果。上述油松雌球果用水浸泡数小时后恢复未开裂状，此过程可逆

▲ 短角果。荠菜，十字花科

▼ 荚果。紫藤，豆科

▼ 翅果。元宝槭，无患子科（原槭树科）

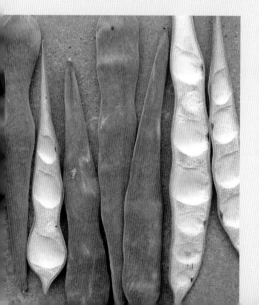

▲ 种子肾形。木槿，锦葵科。种子肾形被毛

07肾形的（nephroid）：呈肾形或者肾状。

08聚合果（multiple fruit）：也叫复果，聚花果，由聚集在单个花轴上的几个分离花形成的果实，如桑葚、菠萝、五味子属。

09核果（drupe）：一种肉质果实，通常具单个种子，由骨质内果皮包围，不开裂。

10假核果（pseudo-drupe）：状似核果，但中间开裂，内果坚硬、皮骨质，通常见于胡桃科。

11瓠果（pepo）：一种不开裂肉质果实，具坚韧果皮和多数种子。

▲ 聚合果。黑老虎，五味子科（原　　▲ 核果。山桃，蔷薇科
木兰科）

▼ 假核果。胡桃楸，胡桃科　　　　　▼ 瓠果。西瓜，葫芦科

▲ 芒。长芒稗，禾本科

▼ 浆果状核果。西伯利亚接骨木，五福花科
（原忍冬科）

▼ 小浆果状瘦果（achene）。水麻，
荨麻科

12浆果状的（baccate）：柔软、外表形似浆果。

13浆果（berry）：由单个雌蕊发育成的肉质果实，有几个或多个种子。如番茄、越橘。

14芒（awn）：窄的、刚毛状的附属物。

▲ 浆果。欧洲醋栗，茶藨子科（原虎耳草科）　▲ 浆果。高丛越橘，杜鹃花科

五、根

01支持根（crampon）：营支持作用的不定根。

02直根（taproot）：具有侧根的主根轴；由主根和侧根组成的根系。

03支柱根（prop root）：由下部茎节发出，支持茎的不定根。

04芜菁状的（napiform）：芜菁根状。

05块根（tuberoid）：与块茎相似的加粗的根，形状多样。如旋花科番薯、豆科土圞（音luán）儿、菊科大丽花、菊科雪莲果、玄参科北玄参、芍药科芍药的块根。

▶ 块根。异花孩儿参，石竹科。图片中另两种植物为麻核桃和南蛇藤

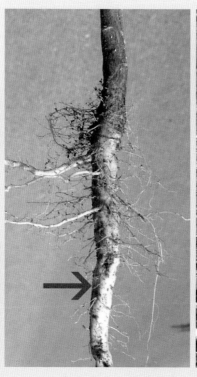

▲ 支持根。常春藤，五加科　▲ 直根。反枝苋，苋科　　　▲ 支柱根。玉蜀黍（玉米），禾本科

◀ 芜菁根。水萝卜，十字花科

第四章

手性之谜：
左还是右

任何一个非对称生长因子都会导致螺旋的产生，如果螺旋达到一定程度，植物就不可避免地出现旋转，其原因永远是某种不等量生长。

——库克：《生命的曲线》（一）

虽然我知道植物学家在其工作语言中反面使用这个术语，把顺着太阳的方向或者顺着时针的方向称为右旋。对于这个右旋，在本书所探讨的内容范围内，本人不敢苟同。我建议继续使用本人在开篇中就使用的顺时针方向为左旋。

——库克：《生命的曲线》②

①库克（T.A.Cook）：《生命的曲线》，吉林人民出版社，2000年，第140页。

②同上书，第142页。

读者朋友，你用哪只手写字？"我两只手都会写字"，你可能这样回答。但我问的是，通常你用哪只手写字。

少数人用左手写字（尤其在中国），多数人用右手写字。正因为如此，个别书法作品专门署上"某某左手"。意思是说，"兄弟不才，左手也能写一手好字！瞧，你右手写的字还那么差。"其实，按我的逻辑，这也许不算什么本事。甭管用左手还是右手，写好字就成。

我再问一句："你用哪只手拿筷子吃饭？"你可能调皮地回应："我哪只手也不拿筷子，我学洋人用刀叉吃饭。"不绕弯子也不抬杠，对于多数中国人，这样的问题是有意义的。我知道，多数人也用右手拿筷子。那么是不是用右手写字的人就一定同时用右手拿筷子呢？好，这是一个问题，先想一想。

我再讲两个故事。一个故事是关于头发的，另一个故事是关于使用镰刀的。有一个不算太笨的人，头发通常乱乱的（并非有意模仿爱因斯坦），即使努力压制一下也维持不了多久。在他出生后第36年的某一天，一个理发师告诉他，头发不应当向右梳理，因为这违背了他脑袋后面的"旋"（在数学上叫"焦点"）的旋转方向。长期以来，他头发之所以总是像刺猬，是因为违背了头发旋转的天性，逆着梳理自然不容易驯服。他恍然大悟，感到十分惭愧，连声谢了小师傅，心里琢磨：作为一名自以为颇关心自然界中左与右问题的人，为什么这么多年没有发现自己脑袋上的现象。理由之一，眼睛没长在上面或者后头；理由之二，不常照镜子。但这都不是充分的理由。还有一种解释：缺乏反思，"马列主义口朝外"，总找别人的不是，看不到自己的缺点。

这人不是别人，正是本书作者。

说第二个故事。小时候我与许多人一样，用右手写字，一直到现在。但是，我却一直用左手使用镰刀（小时候在山沟中砍柴），现在虽然不用也不允许砍柴了，但一旦拿起镰刀，还是习惯于放在左手中，现在拿剪刀剪东西仍然用左手。我小时候曾因为使用不合手的镰刀不慎伤及自己，右手和右脚都受过镰刀伤。在用镰刀和剪刀问题上，我是"左撇子"。"左撇子"多少有点歧视味道，因为我们很少听到"右撇子"的说法。

如果你是个细心人，就会注意到，镰刀及剪刀等通常是为"右撇子"设计的。据说现在也有为"左撇子"申冤的，还成立了什么"左撇子"俱乐部，他们呼吁为"左撇子"设计适用的工具（现在的确能购买到专为左撇子设计的工具，很贵）。我现在是半个"左撇子"，写字和拿筷子仍然用右手。哪个俱乐部都可能拒绝我入会。不过我推测，我可能天性是"左撇子"，而写字和拿筷子用右手是家长后天训练出来的。这一推断是合乎常识的，写字、拿筷子具有某种公共性，而用镰刀、用剪刀的行为相对私密。

用哪只手做什么事这也算问题？

好了，读者朋友，请伸出或者"想象着伸出你的双手"！两只手一般说来差别不大，当双手作拜佛状时，左右手可以对上，外表看能重合（涉及数理科学中的反射操作）。

这就触及了"手性"概念——本书的一个核心概念。

"手性"有左右之分，世界上大量物质具有不同的手性。

在植物界许多藤本植物的茎是右手性的，少量是左手性的，一部分则不显现手性。手性概念非常简单，但是不同学科的定义并不相同。

克拉克笔下尼尔松的故事

在正式进入手性问题讨论前，我们先看一下著名科幻小说家克拉克（Arthur C.Clarke，1917—2008）的小说《技术错误》（*Technical Error*）。克拉克被誉为最伟大的科幻作家之一，他也是国际通信卫星的奠基人。1945年他发表了《地球外的中继：卫星能给出全球范围的无线电覆盖吗？》，1968年他创作了《2001：太空奥德赛》等。

《技术错误》是个短篇小说，写的是尼尔松（Dick Nelson）手性反转的事。

一次尼尔松在发电机井下遭遇事故，休克醒来后，发现自己只有借助一面小镜子才能读报。经过他人分析（自己难以察觉），左手和右手也换位了：

> 我说着就向他弯下身去，看他的右手。"不，是这只手。"尼尔松说着就抬起了左手。我感到很奇怪："你不是说右手吗？"尼尔松茫然无所措了："对呀。这就是右手呀。也许眼睛出了点毛病。不过一切都是明显的。您不信？看，这不是我的订婚戒指吗？我已经五年没摘它了。"

尼尔松手指上的戒指已牢牢地套在手指上，不用锯是拿不下来的，这说明尼尔松的表述没有错。又核对了身上的疤痕、镶牙的记录，以及事故发生时他随身带着的几枚硬币和一本《电气工程师笔记本》。在其他人看来它们全反了。在尼尔松看来，我们视为正常的左右分别也全反了。当然，尼尔松看自己那部《电气工程师笔记本》不会发现有任何异常。

尼尔松重新学会了我们的阅读，但更严重的问题出现了：他面临着饿死的危险，因为他无法消化吸收手性相反的维生素等营养物质。

这时，休思博士提出一个奇妙的理论来解释尼尔松遭遇的事故：当时尼氏处于巨大发电机线圈内部，瞬间超大电流通过线圈时在局部上产生了一个四维空间，它虽然较小但已经能够容纳下尼尔松。正是在这样一个我们通常无法经验到的多出一维的空间中，由于磁场的突然改变，他及他身上的东西被整体翻转（反射）了一遍。在平面上，两个成镜像关系的非正三角形无论如何平移、转动，它们是不能重合的。但是，若把它们放在三维空间中，就可以先把一个翻转过来，然后平移，就能够使两者重合。同样道理，尼尔松是三维物体，在三维空间中是无法翻转自身以与自己的镜像重合的。但是在四维空间中就可能做到。于是，可能的情况是，尼尔松在那样一种场合，身体在局部四维空间中被翻转了，成了自己的镜像并被保存下来。

后来，一位科学家费了九牛二虎之力设计了维生素的立体异构体，合成了一些适合尼尔松的维生素，服用后果然有效。但是，靠这种办法，公司非破产不可，因为合成的费用实在太高。可能的选择是，要不让尼尔松饿死，要不尝试一个风险极大的逆变换，制造出与事故发生时类似的条件，把尼尔松再变回去。

如人们所料，采取了后者。但试验结束打开发电机井时，尼尔松却不见了！

小说的"题眼"呈现了：磁场使尼尔松在四维空间翻转时，可能还发生了时间上的移位，即当时的局部空间不是四维而是五维。可能因此之故，实验结束时尼尔松不见了。休思博士意识到这一点时，从床上一跃而起，急令吊起转子，他渴望再次找到尼尔松。

结局呢？自己看小说吧。

手性的定义

现在可以四平八稳地谈谈手性了。

手性（chirality，=handedness）一词源于希腊词"χειρ"（手，cheir），指左手与右手的差异特征。手性及手性物质只有两类：左手性和右手性。有时为了对比，另外加上一种无手性（no chirality）作参照，可称它为"中性手性"。左手性用learus或者L表示，右手性用dexter或者D表示，中性手性用M表示。

手性可用对称性来说明。植物中常见旋转对称性（以前习惯叫辐射对称性，不准确），指的是存在旋转对称轴，如石竹、矮牵牛、酢浆草和黄瓜的花一般都具有五次旋转对称性，花每旋转$2\pi/5=360°/5=72°$，自身就重合一次。又如鸢尾科植物常具有三次旋转对称性。此外，还有平移对称性、伸缩对称性等等，但手性所体现的对称性与这些都不同。

左手（性）与右手（性）单靠平移和旋转不可能使两者完全重合，必须借助镜像操作才能重合，所以手性对称性也叫镜像反射对称性。简单说，镜子中的东西在手性上与原物正好相反。正因为这一点，镜子用于展现实物并不算完美。牙医用口腔反光镜为人治病，需要专门训练。不知道别人是否有这样的经验，我一开始按照镜中图像操作工具时，常常把左右搞反，适应一阵才成。女士们化妆是否在一开始也遇到过类似问题？

我原来是学地质学的，上大学第一年就要学《结晶学及矿物学》，用的是武汉地质学院潘兆橹主编的教材。1984年，矿物学专家曹老师在北大俄文楼给我们上这门课时，通常用三轮车从北大12斋（现已拆掉）运来一车木制模型。课上讲晶体对称性时，大家反复摆弄大大小小的模型。课上学得晶体有47种单形，其中有5种单形（名字都颇专业，三方偏方面体、四方偏方面体、六方偏方面体、五角三四面体和五角三八面体）都有"对应体"，即同时有左形和右形之分。这里不可能专门解释，只需知道，现代地质学从一开始就要接触手性概念。

在化学中，组成相同但空间结构上互成镜像（对映体）的分子叫手性分子。这类分子很多，而且非常重要。

手性分子的性质有时差不多，有时差别极大，对人而言甚至一种有利一种有害。化学式为$C_{17}H_{20}O$的努特卡酮两种对映体的柚香竟然相差750倍之多[1]，当然这不是全由那种物质的结构决定的，因为对人的嗅觉起作用的受体也是由手性分子构成的，手性匹配才能产生可感受到的嗅觉。一些昆虫激素也有手性选择性，某种手性的只能吸引雄性，其对应体则只能吸引雌性。在药品当中，成分相同但手性构型不同时，药性也不同。如四米唑的左旋体是驱蛲虫药，而右旋体是抗抑郁药，甲状腺素钠的左

---

[1]　宋心琦：《影响人类生活的手性异构体：2001年诺贝尔化学奖评述》，载《国外科技动态》，2001年11期。

▲ 黄钩蛱蝶的四个鳞翅（前翅、后翅各两个）具有左右对称。黄钩蛱蝶落在荷兰菊（*Aster novi-belgii*）的花头上

旋体是甲状腺激素，而右旋体是降血脂药等等。[①]颇有争议的"反应停"（thalidomide）作为人工合成药，是两种对映体的混合物。有人指出其中一种对应体有治疗作用，而另一种可能有害。于是后来的制药工业和患者对药物的分子手性都很敏感。

手性所能描述的事物极其多样，大至星系旋臂、行星自转、大气气旋，小到矿物晶体、有机分子、安培电流、弱相互作用的宇称不守恒等等。在植物学中，手性也是一个重要形态特征，左右对称的形态（如枫叶、兜兰，但不是绝对对称，绝对的对称只能在数学中找到）及攀缘、缠绕植物的茎蔓旋向，都涉及手性。对于螺旋，两种手性的命名是相对的，原则上可以定义其中任意一种为"左旋"，与之相反的便为"右旋"。事实上，历史上人们的确给出了不同的定义，但多数人忽略了这一点，以为

① 苑可、戴立信：《关注"手性药物"》，载《科技语研究》，2002年2期。

▲ 长瓣兜兰（*Paphiopedilum dianthum*）两侧长瓣是近似左右对称的，注意主瓣（主萼片）两侧并非完全对称

▲ 宽唇卡特兰（*Cattleya labiata*）的左右对称，注意唇瓣（舌）的上部左右并非完全对称

只有一种定义。20世纪60年代，《知识就是力量》杂志一篇译自当时苏联的文章，对左右手性的称呼与现在流行的叫法正好相反。定义无所谓正确与错误，它是一种约定，关键要说清楚。

关于螺旋的手性，我们的定义是：伸出一只手，让大拇指竖起平行于螺旋的轴向（不必计较哪是生长方向），另外四个指头握拳，于是由手掌到四个指尖有一"前进"方向，如果螺旋前进方向（不要求是生长方向，但要求与大拇指方向大致一致，通常以锐角相交）正好与伸出的左手相符，则此螺旋为左手性的，如果与右手相符则为右手性的。

说起来很费劲，但看一下图形，立即就明白了。这与电磁学中的安培定则（Ampére rule）差不多，安培定则说明两种情况：（1）载流直导线的电流方向与感生磁场方向。让右手大拇指指向电流方向，四指的前进方向则为磁场方向。（2）载流螺线管里的电流方向与螺线管的感生磁场方向。让右手四指由手掌向手指指向电流方向，则大拇指指向感生磁场的北极。电磁学右手定则（这时一般称Fleming rule）还用于表示电场、磁场与运动方向三者的一般关系。在闭合运动导线切割磁力线产生感生电流的例子中，伸出右手，让右手手掌面对磁北极，大拇指指向导线运动方向，则四指指向感生电流的方向。这都是中学物理的内容，在此复习一下。

植物手性也可以采用如下定义：在生长或者运动的一端，在螺旋外部从垂直轴向俯视，若螺旋是顺时针旋转的，则为左手性，反之为右手性。如果从螺旋内部看（这时可能要想象螺旋足够大），情况完全相反。斯特恩的《植物学拉丁文》（W.T. Stearn. *Botanical Latin*. Timber Press, 2004）用图形示意了两种不同的界定。

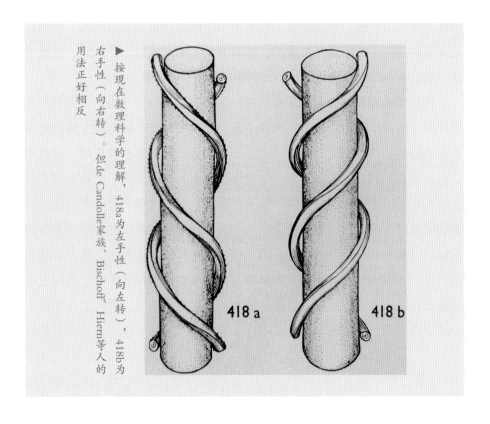

▶ 按现在数理科学的理解，418a为左手性（向左转），418b为右手性（向右转）。但de Candolle家族、Bischoff、Hiern等人的用法正好相反

左手性的螺旋叫左螺旋；右手性的螺旋叫右螺旋。在气象学中，定义也是一样的。在北半球，低压区能够形成左手性的气旋，高压区能形成右手性的气旋。南半球正好相反。

对于我后脑袋上的"旋"，相对于我自己的身体，它是由右向左的方向旋转的。从我的头顶上观看，头发是逆时针旋转的。于是，我头上的"旋"符合右手定则，应当算右手性。绕明白了吧？

库克在《生命的曲线》中所用的手性定义与我们的定义等价，但陈述得极其烦琐，实在不敢恭维。《生命的曲线》整本书差不多都在讨论旋转与手性，用的都是这样的约定。

但是正如库克所说的，"不过，在这里我要对植物学家专用的某种术语提出强烈的异议。他们把绳索的左旋螺线称为'右旋'的说法，是因为这种绳索是惯用右手的人编织而成的。那么把金银花称为'左旋'，理由是什么呢？"的确，我也觉得一些植物书上暗示的定义十分别扭。我们同意库克的用法，金银花是左旋的，即具有左手性。这是一种约定，有什么好坏之分呢？因为这样约定与数理科学的用法保持一致。

植物界通常是如何定义手性的呢？《怎样画植物》中说："由左向右旋转缠绕的叫作左旋缠绕茎，如牵牛花、紫藤、旋花。从右向左缠绕的叫右旋缠绕茎，如啤酒花、五味子等。"[1]这个定义本身不够清楚，什么叫"由左向右"和"由右向左"？这需要预设茎的生长方向。就像火箭发射前有人在千里之外预测说，向左偏了15厘米，看似高明、有特异功能，其实毫无意义，因为它可免于被证伪。在一个方向看偏左，在另外一个方向看就可以是偏右，他说得永远正确。植物也一样，在这种定义中，必须指定了生长方向（在我的定义中不需要），左与右的概念才明确，否则左就可能是右，右就可能是左。但所举的例子是近似清楚的，因啤酒花和五味子的手性一样，按我的定义是左手性，按他说的是右手性。根据所举的例

---

① 陈荣道：《怎样画植物》，中国林业出版社第2版，2002年，第144页。

子，我们可以猜到他的定义与数理科学的定义正好相反，也与我们的定义相反。我们习惯上称牵牛花、紫藤的茎为右旋，而啤酒花、黄独为左旋，这一用法与数理科学一致。之所以说"近似"清楚，是因为紫藤属、薯蓣属植物的手性较复杂，由下文可知，两个属的植物既有左手性的，也有右手性的，有的还涉及自转与公转。植物的自转与公转现象并不难懂，但我之前从未见到文献提及这一点。

▲ 右手性定义示意图。大拇指竖起朝上，平行于轴向，其他四指由掌根向指尖模拟螺旋转动。由这个定义可知，当大拇指倒过来指向下面，重新握笔时，手性不变，对于此图仍然是右手性。对于植物而言，不必确定植物茎的新老方向（对于藤本植物，尤其在森林中，局部上有时真的难以确定哪端新哪端老），无论大拇指指向新或老哪一侧，所判定的手性都是不变的。右侧为卫矛科南蛇藤（*Celastrus orbiculatus*），右手性；中间为夹竹桃科（原萝藦科）杠柳（*Periploca sepium*），右手性。在北京看到杠柳并不难，北京大学图书馆南门前运动场的铁栅栏上就长着一株。要看南蛇藤，最近也得到北京的百望山了

数理学界对手性的用法可从欧阳钟灿和刘寄星写的《从肥皂泡到液晶

生物膜》得到印证。该书写道："地球上所发现的生物氨基酸分子多见于左旋，一切天然的蛋白质都由左旋型氨基酸组成。而由这些左旋分子组成的蛋白质和遗传物质DNA却多数都有右手螺旋结构。一些生物，如螺旋形细菌、蔓生植物向上盘绕以及海螺等均以右旋占绝大多数。"①该书还用图形明确示意了所说的左旋与右旋的含义。可以明确地说，这与我们的理解完全一致。《中国高等植物图鉴》第五册②关于薯蓣茎缠绕的描述怎样呢？作为获奖著作，我原以为其用法与我们的理解也是一致的，可惜后来发现并非如此。可以想象一下，这样乱用是很坑人的。

在化学中，手性分子的识别是通过其光学特征进行的。不同手性的分子具有不同的光学活性。能使平面偏振光按顺时针方向旋转的对映体称右旋体，记作（+）或者D，反之称作左旋体，记作（-）或者L。当等量的对映体分子混合在一起时，不再引起平面偏振光的旋转，液体无旋光性，称外消旋体，记作（±）或者DL。

1953年沃森和克里克提出著名的DNA双螺旋结构模型，他们构造出一个右手性的双螺旋结构。当碱基排列呈现这种结构时分子能量处于最低状态。沃森后来撰写的《双螺旋：发现DNA结构的故事》中，有多张DNA结构图，全部是右手性的。③这种双螺旋展示的是DNA分子的二级结构。那么在DNA的二级结构中是否只有右手性呢？回答是否定的。虽然多数DNA分子是右手性的，如A-DNA，B-DNA（活性最高的构象）和C-DNA都是右手性的，但1979年里奇（Alexander Rich，1924—2015）提出一种局部上具有左手性的Z-DNA结构。现在证明，这种局部左手性的Z-DNA结构只是

① 欧阳钟灿、刘寄星：《从肥皂泡到液晶生物膜》，湖南教育出版社，1994年，第127—128页。
② 中国科学院植物研究所主编：《中国高等植物图鉴》（第五册），科学出版社，1976第1版，2002年重印。
③ 沃森：《双螺旋：发现DNA结构的故事》，科学出版社，1984年。

右手性双螺旋结构模型的一种补充。[①]

21世纪是信息时代或者生命信息的时代，仅北京就有多处立起了DNA双螺旋的建筑雕塑，其中北京大学校景亭西侧、生物技术楼门前立有一个巨大的双螺旋模型。人们容易把它想象为DNA模型，它的下部也确实有DNA模型的标签。其实是不对的，因为雕塑是左旋的，整体具有左手性。就算Z-DNA可以有左手性，也只能是局部的。因此，雕塑造形整体为一左手性的双螺旋是不恰当的，用它暗示DNA的一般结构是错误的。北京中关村黄庄及上地的DNA结构雕塑模型手性都是正确的。

▲ 北大后湖附近一个左手性的双螺旋雕塑。一般说来DNA双螺旋是右手性的，只有Z-DNA局部上可以是左手性的。以这种左手性的模型暗示一般的DNA结构，是不恰当的。当然艺术可以超越现实

———————————
① 朱玉贤、李毅：《现代分子生物学》，高等教育出版社，1997年第1版，1999第4次重印。

由科学家杨焕明主编的《破解遗传密码》一书，也把DNA双螺旋画反了[①]，上面标示的碱基A、T、C、G字母都是正常的，显然不是制版时片子放反了造成的。2002年末，作者参与《科学时报》组织的科普好书评选，竟然发现6种关于DNA的科普书中有3种的封面、1种内部的插图把DNA的结构图手性画反了。这个错误比例让人吃惊。左与右，就算随机出错，也应当大致一半一半，但偏偏画左旋的明显多于右旋的。这是否意味着"左倾"是画家的默认（缺省）配置，画家画起DNA来，不自觉地就向左用劲？呵呵，建议设立一个类似《泡沫》[②]中描述的科研项目对此进行专项研究。

从天文学到地球科学，从化学到生物学，手性几乎处处显身影。2001年诺贝尔化学奖就授予分子手性催化的主要贡献者。1968年诺尔斯（W.S. Knowles）用过渡金属元素制造出含手性配体的络合物，以它为催化剂，生产出有手性的产物。后来日本名古屋大学的野依良治开发出更有效的催化剂。1980年美国的夏普莱斯（B. Sharpless）发现了氧化反应的手性催化剂，极大地推动了手性药物的化学合成。他们三人一同获得诺贝尔奖。到2000年，全球的手性药物销售额已达1230亿美元，占药物总销售额的三分之一。1998年全球畅销的500种药物中，单一对映体手性药物占一半以上。

2002年6月13日英国《自然》发表加拿大科学家杰森（L. Jesson）和巴雷特（S. Barrett）研究某植物花柱手性的论文，指出两个等位基因中的一个控制花柱的左右，其中向右是显性的。有人评价这一工作具有重要意义。我查过他们的工作，也下载了大量图片，觉得非常有意思。

---

① 杨焕明主编：《破解遗传密码》，北京教育出版社、北京少年儿童出版社，2002年，第28页。

② 亚伯拉罕斯主编：《泡沫：搞笑诺贝尔奖面面观》，上海科技教育出版社，2001年。

植物手性对称破缺或者手性不均匀

历史上达尔文、华莱士等博物学家、生物学家都十分重视手性，但研究得并不深入。达尔文还写过《攀缘植物的运动和习性》，书中列出一张表，描述了42种攀缘植物，其中只有11种具有左手性。这个比例与我们日常的观察是一致的。凌霄、扁担藤、地锦等藤本植物并不靠缠绕，无手性。

多数藤本植物茎蔓的螺旋是右手性的，如牵牛、杠柳、扁豆、大苍角殿（*Bowiea volubilis*，也叫博威花）、金灯藤（*Cuscuta japonica*）、蝙蝠葛、萝藦、北马兜铃、猕猴桃、葛、金鱼花（*Mina lobata*），落葵（*Basella rubra*）、常青油麻藤、野大豆、石月（那藤、七叶木通）等。

◀ 金灯藤（*Cuscuta japonica*），也叫日本菟丝子，淡红色者为菟丝子的茎，旋花科。右手性。图中绿叶是另外一种植物萝藦的叶子。这两种植物都具右手性。摄于北京昌平虎峪沟

▶ 北马兜铃（*Aristolochia contorta*），马兜铃科，右手性

▲ 北马兜铃心形叶和果实。摄于北京

▲ 常青油麻藤（*Mucuna sempervirens*），豆科，右手性。老茎

▼ 常青油麻藤，叶与嫩茎，右手性。摄于浙江

▼ 葛（*Pueraria montana*），右手性，豆科。生长力旺盛。根可制葛粉

▲ 北京育新花园一株本来应当是右手性的紫藤，在幼苗期工作人员可能强行以左手螺旋的方式编织使其上爬。但是天性不容易改变的，等到这棵紫藤长高了，没人管时，它又恢复了右手性的本性

▲ 杭州植物园百草园中一株人为左手性的常青油麻藤，被缠绕的"植物"是一根人造的水泥柱。用水泥假造植物各地都有所见，但是杭州的这一假造有特别之处：它违背了植物本身的生理特点，强行令右旋变成了左旋，就好比把人的右脚鞋硬是往左脚上穿一样。如果工作人员注意一下植物的手性，当不会这样故意违背植物的天性

▼ 野大豆（*Glycine soja*），豆科，右手性。三出复叶。图中被缠绕的植物为碧桃

▼ 石月（*Stauntonia obovatifoliola*），也叫那藤，木通科野木瓜属常绿藤本，具右手性。掌状复叶，小叶5—9片

许多植物书将缠绕植物茎的缠绕方式画得有些任意了，包括《北京植物志》《中国高等植物图鉴》《河北植物志》等。洋人的书是不是好一点？也不一定。北美使用极广的经典手册《北美东北部和中北部皮特森野花野外指南》《北美东部和中北部皮特森可食野生植物野外指南》中关于加拿大蝙蝠葛（*Menispermum canadense*）的绘图，也是错的！看了我手里的英文版，前者印刷50次，都没有改正过来！但是我看了著名科普作家贾祖璋写的《初中博物教本》，先生绘制的菟丝子、牵牛、葎草等植物的茎缠绕[①]，非常准确，左旋与右旋区分相当清楚。该书开明书店初版于1935年。没想到过了半个多世纪，有些生物书中对植物茎缠绕的刻画不进反退！比如《中国高等植物图鉴》在第一卷书末"缠绕藤本"图版中[②]，竟然也随意地画了一种旋花科植物的茎，向右旋了两次，向左旋了一次，实际上此种植物只能向右旋。优秀科普图书《迪斯尼儿童百科全书》（植物卷）讲菜豆时，同样画错了[③]，画中菜豆有向右旋的也有向左旋的，但实际上菜豆只能向右旋。

《生命的曲线》作者库克当年曾为英国皇家植物园邱园（Kew Garden）鉴定标本，在收集到的24种攀缘植物中他发现只有6种表现出左手性。在中国，我本人观察到的具有左手性的植物较右手性的植物少许多，现将其中的一部分列出：[④]

---

① 贾祖璋：《初中博物教本》，载《贾祖璋全集》第三卷，福建科学技术出版社，2001年，第195、203页。

② 中国科学院植物研究所编：《中国高等植物图鉴》（第一卷），科学出版社，1972年第1版，2001年第7次印刷，第1044页图版4。

③ 童趣出版有限公司编译：《迪斯尼儿童百科全书》（植物卷），人民邮电出版社出版，2000年，第32页。

④ 更多左手性植物见刘华杰：《看得见的风景：博物学生存》，科学出版社，2007年，第24—27页。

▲ 左手性者为葎草（*Humulus scandens*），也叫拉拉秧，见于华北、东北。图中以A标出，大麻科（原桑科）。右手性者为牵牛，以B标出，被缠绕的植物为杨树。右侧图右手性者也为牵牛，左手性者为葎草

▲ 葎草的雌花，可见左手性的茎

▼ 忍冬（*Lonicera japonica*），也叫金银花，忍冬科，左手性，见于北京、东北。左为缠绕茎，右上为叶，右下为花，刚开的为白色，然后变金黄色

▲ 台尔曼忍冬（*Lonicera × tellmanniana*），忍冬科，左手性。以原产于中国的盘叶忍东为母本、原产于美国的常绿盘叶忍冬为父本杂交而成（1920年）。摄于北京国家植物园南园

▲ 台尔曼忍冬，花序下几对叶合生成盘状

▼ 穿龙薯蓣（*Dioscorea nipponica*），薯蓣科，左手性，见于东北、华北。小时候曾上山挖这种植物的根状茎卖给供销社，当地人称"穿龙骨"。另外，据有关资料同科同属的黄独、黄山药等也具有左手性，但作者没有见到标本，故不单独列出。摄于吉林通化

▼ 穿龙薯蓣的嫩茎和叶。摄于北京

▶ 何首乌（*Polygonum multiflorum*），蓼科。春天刚出土缠绕嫩茎，左手性，见于北京。同一株上也可以长出右手性的茎（数量相对少）。块根肥大，药名为「何首乌」；茎藤药名「夜交藤」

▶ 作者种植的何首乌，下部木质化的缠绕茎呈现左手性。被缠绕的植物是楝科的香椿（*Toona sinensis*）。担心再过一段时间何首乌会把香椿活活缠死，现已把它解下另设了缠绕支架

▲ 何首乌，秋季的草质茎及带有宽翅的瘦果。摄于北京
国家植物园路旁

▲ 何首乌缠绕在蓼科的虎杖（*Reynoutria*
japonica）上，左手性

▲ 昆明鸡血藤（*Millettia reticulata*），豆科，左手
性。叶酷似紫藤。由下文可知紫藤属植物的茎也恰
有左手性的。

▲ 昆明鸡血藤，粗壮的缠绕茎，左手性。摄于杭
州植物园百草园。请与下文的多花紫藤对比

▲ 鸡矢藤（*Paederia scandens*），即鸡屎藤，草质藤本，基部木质化，左手性，见于北京国家植物园北园及中国医学科学院药用植物园。叶对生，聚伞花序圆锥状，核果球形，橘黄色。《北京植物志》正篇中没有记载，在1992年补编中才收入

▲ 南五味子（*Kadsura longipedunculata*），五味子科（原木兰科），左手性。远观缠绕茎。见于杭州植物园百草园

▼ 啤酒花（*Humulus lupulus*），大麻科（原桑科），左手性，见于保定河北大学校园、中国科学院香山植物园，摄于河北大学（保定）校园图书馆南

▼ 南五味子，近看叶子及细茎。摄于浙江

▲ 鸡矢藤的橘黄色球果。摄于北京国家植物园北园

▲ 鸡矢藤的串根。繁殖力强，茎着土就可生根。需要防止它在
北方过分繁殖。

▶ 多花紫藤（*Wisteria floribunda*），豆科，左手性，见于北京新街口科教电影制片厂院内、北京国家植物园和中国医学科学院药用植物园。摄于北京国家植物园

▲ 墨西哥湾艾琳娜（Elena）飓风，右手性。1985.03.09，NASA图片STS51I-44-052

▶ 两股飓风玛德琳（Madeline）和莱斯特（Lester）袭击墨西哥，右手性。1998.10.07，地球同步卫星8（GOES-8）照片

在杭州、昆明和西双版纳我还见过几种不知道名字的草本和木本左手性植物。我从小就注意观察植物的手性，总结起来看，左手性的植物确实较少。

无手性的藤本植物也有不少，如凌霄、地锦（爬山虎）、蔓九节、常春藤、葡萄（有卷须，卷须本身有复杂的手性，这里不论）、龟背竹、绿萝、短尾铁线莲等。

在描述植物形态时，手性可视为一种重要的宏观特征。一般可以猜测一个物种只能具有一种手性，但也不尽然，比如何首乌，薇甘菊、羊乳等同一种植物竟然可以同时具有左右手性，甚至同一株也可以。现在观察到紫藤属植物有左手性和右手性两类，据文献记载薯蓣科植物更是如此。为什么同属的植物会有不同的手性？现在还不清楚。

紫藤属植物的手性

达尔文曾记录过一种频繁双向旋转的植物，同一种植物时而具有左手性时而具有右手性，这种植物是五桠果科的有齿纽扣花（*Hibbertia dentata*）。不过，这能否算得上一种特殊类型，还不能确定，因为有些没有手性的攀缘植物随机在地上爬，时左时右，与达尔文说的情况很难区分。

有一段时间，我一直坚信一种植物（指生物学上的"种"）在进化链中只能有一种手性，或者左手性或者右手性（当然还有没有手性的），不大可能一个物种的攀缘或者缠绕茎蔓（唇形科植物和兜兰等同一植物左右对称的情况不算）生长在一种环境中为左手性，在另外一种环境中为右手性。根据是，植物表观的手性特征是整体特性，它必然由植物体内部微观结构和性质所控制，经过漫长自然选择后的现代植物的手性与其生长的地理位置应当关系不大。对于一种特定的物种，植物内部的组织结构和基因都相同，不可能导致完全不同的宏观外表结构上的差异，不大可能使手性正好相反。

▲ 常见的紫藤属中右手性的（中国）紫藤（*Wisteria sinensis*）。北京大学、北京中山公园及保定竞秀公园内所种植的都是这种右手性的紫藤

▲ 右手性的（中国）紫藤爬在苍劲的侧柏树上。摄于北京中山公园

　　当然这只是一种猜测。当时我是这样讲的："是不是同一物种的植物只能有一种手性，现在还不能确切回答。"我也曾问过几位从事生物学工作的朋友，他们也确认手性是区分物种的重要标志，一般不可能一个物种具有两种相反的（互成镜像）的手性。

　　《长白山植物药志》中画有一幅菟丝子（*Cuscuta japonica*）的图，既有左手性又有右手性，我曾多次在野外核对，见到的菟丝子只有右手性，没有发现左手性。另外还见到中国科学院植物园（现国家植物园南园）冀朝祯先生绘制的长瓣兜兰（*Paphiopedilum dianthum*），两侧瓣的卷曲方向似乎也是随意画上的：有一只全画成了左手性，另一只全画成了右手性。这就违背了兜兰每朵花自身的左右对称性。

◀ 右手性的（中国）紫藤
的花较多，花显得更红一些

▶ 右手性的（中国）紫藤所结豆荚
爆裂后豆荚皮呈现螺旋状。依据爆
裂后所剩的那片豆荚皮的不同，手
性也不同。豆荚皮的手性并不反映
本植物的特有性状

　　这说明，在植物学界，手性在描述植物外在特征时，没有得到应有
的重视。翻翻各种植物教材和植物手册，极少在讲植物的茎蔓时或者描述
某种植物时，专门指出它的手性（左手性或者右手性）。一般只说"藤本
缠绕"，这样做实际上缺少了一个重要的信息。周云龙主编的《植物生物
学》（高等教育出版社，1999年）一书只在"茎的生长习性与分枝"中提
到茎的几种形式，没讲缠绕手性问题。莫塞斯（J.D.Mauseth）的《植物
学》（1991年）也没有讲茎的手性。

　　现在紫藤属植物越来越多地被用于园林设计，对紫藤茎的观察可促使
人们重新考虑一个植物物种的茎蔓是否真的可能有两种截然相反的手性。

我早就注意到中国极常见的豆科紫藤的茎蔓是右手性的。北京大学、北京中山公园、北京西三旗育新花园、保定竞秀公园及杭州西湖花港内各种紫藤都是右手性的，从粗壮的根部粗藤到细小的新枝，都是右手螺旋生长的，这种紫藤属的植物叫（中国）紫藤（*Wisteria sinensis*）。

　　但是，也有左手性的紫藤。有一次我去新街口豁口北京科影厂（现已并入中央电视台）录制科普节目，早到了十多分钟，闲着没事在JJ迪厅与科影厂共有的院内踱步。不知不觉到了一处维护良好的四合院的西南角，不经意间见到眼前树藤上的小细枝竟然以左手螺旋缠绕在一起。我觉得颇奇怪。左手螺旋少见，一般我不会放过。一瞬间我猜可能是别的植物长到了紫藤枝上，而与紫藤缠在一起外表呈现了左手性。但低头察看全株紫藤，发现各个部分无一例外都是左手性的。不远处另一棵紫藤也是如此。这是我第一次见到紫藤可以具有左手性。这可能意味着我以前的猜测有问题。当时没带相机，第二天我又去了一趟，专程为了拍摄它的手性特征。第二天在院中碰巧遇上一个熟人，以为我又去录节目，我说只为了拍摄一棵植物，他还有点不信。

▼ 作者第一次见到左手性紫藤的地方。台阶上是一四合院，西南角植了两棵左手性的紫藤。实际上它是多花紫藤，不是一般的紫藤，虽然它们是一个属的植物

▲ 紫藤属中的多花紫藤（Wisteria floribunda），它的缠绕茎呈现左手性，摄于北京科教电影制片厂

▲ 多花紫藤的奇数羽状复叶

▼ 多花紫藤的一组叶，小叶的个数相对（中国）紫藤要多些，但并不是绝对的

▼ 多花紫藤花序。花序更长一些，花的颜色较浅

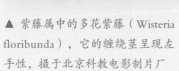

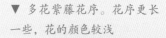

▲ 多花紫藤的一组花序。注意观察，图上小的枝条都是左手性的

　　我可以确信那是紫藤属的，因为它与我以前见过的紫藤太像了，只是花色不那么鲜艳，最大的差别在于茎的手性不同。回家后首先查《北京植物志》的豆科紫藤属。很失望，这书上根本没讲手性，列出的只是上面提到的右手性（中国）紫藤和藤萝（*W. villosa*）。

　　再去图书馆查《中国植物志》，恍然大悟。第40卷《中国植物志》在"紫藤属分种检索表"中以手性作为第一分类特征，把本属5种植物按手性不同分成两类。但是，我在阅读此书时犯了一个严重错误，因为过分高兴，没有详细核对每一项描述，把*W. siennsis*与*W. floribunda*两种植物名字安反了，错误地以为我以前见过的都是*W. floribunda*，包括我们北京大学的。当然这与《北京市植物志》的描述矛盾，但由于《北京市植物志》

根本没有提手性，我没有进一步的参考材料，想当然地以为《北京市植物志》没有列上这个栽培种。于是令人后悔的事情发生了，在写给上海《科学》杂志的一篇文章中，我也犯了错误。事后赶紧刊出更正声明，并向读者致歉。

我为什么会搞错呢？一是自己不够细心，另外由于《中国植物志》默认的手性含义与我们前面的定义正好相反。但因为《中国植物志》并未直接说明用的是何种定义，开始时我想当然以为与数理科学一致，实则不然。

建议以后编植物书，明确给出书中所用手性概念的含义，最好再实际绘出植物茎的手性图。

这种左手性的紫藤叫多花紫藤，原产于日本，学名为*Wisteria floribunda*。左手性的紫藤外形略微不同于右手性的（中国）紫藤，它的花序较长，颜色淡紫色，比右手性（中国）紫藤颜色浅。另外，左手性多花紫藤奇数羽状复叶的小叶叶片通常要多一些，一般13—19片，而右手性的紫藤一般不多于13片。

后来在北京国家植物园南园中又发现两棵左手性的紫藤，此园中其他紫藤仍然是右手性的。但是，那里的植物标牌只有紫藤（*W. siennsis*），他们大概也没作区分。在中国医学科学院药用植物园中及北京国家植物园北园中又发现许多左手性的紫藤。

现在看来，在紫藤属中，仍然不存在一个物种具有两种手性的情况。不过，这个例子表明，在一个属内，不同物种确实可以具有不同的手性。这种现象是少见的。库克曾说，同一科或者同一属中的两种植物，手性不同者罕见。

现在还留有一个问题：植物学界内部对手性的理解是否一致？前面提到了薯蓣科的穿龙薯蓣是左手性的，即其茎左旋。查《中国高等植物图鉴》第五册，在穿龙薯蓣、黄独（*D. bulbifera*）、黄山药（*D. panthaica*）、粉背薯蓣（*D. hypoglauca*）、福州薯蓣（*D. futschauensis*）、三角叶薯蓣（*D. deltoidea*）、细柄薯蓣（*D. tenuipes*）、山葛薯（*D. chingii*）等条目下，都明确标出"茎左旋"字样（这种理解与《中国植物志》关于紫藤手性的理解是矛盾的），即茎为左手性。但在黏山药（*D. hemsleyi*）、薯蓣（*D. opposite*，也叫山药）、多毛叶薯蓣（*D. decipiens*）、褐苞薯蓣（*D. persimilis*）、光叶薯蓣（*D. glabra*）、山薯（*D. fordii*）等条目下，均明确标有"茎右旋"字样，即茎为右手性。这里也没有给出手性的定义，此书所描述的左与右有时自己互相矛盾。能够肯定的一点是，薯蓣科中同一属（薯蓣属）的植物可以有不同的手性，我多年的观察也可以证明这一点，比如参薯的公转为右手性，黄独的公转为左手性。在北京，从野生到栽培植物，薯蓣科穿龙薯蓣（*D. nipponica*）为左手性，而山药（*D. opposita*）为右手性。北京所能见到的薯蓣科植物极有限。薯蓣属植物为什么可以有不同的手性？

手性对称破缺的机理

据"新西兰本地兰花小组"办的《兰花杂志》第71期（1999年）专栏文章，兰科绶草属新西兰绶草（*Spiranthes novae-zelandiae*）的茎就有两种不同的手性。不可思议之处还在于，这些植物基本上是从一株上克隆出来的。1990年1月R.A.Hegstromt和D.K.Kondepudi在《科学美国人》上的文章"宇宙的手性"中提出一个假说：世界上第一个生命细胞是由L型氨基酸形成的，在进化压力作用下后来产生了我们今天存在的L型蛋白质。这篇文章还指出，同一物种总是具有一种手性。新西兰的新发现似乎嘲笑了这一坚定的信念，我也注意到菊科薇甘菊、蓼科何首乌、桔梗科羊乳等同一株上可以长出不同手性的茎，这确实难以解释。《兰花杂志》的文章还指出，在1997年出版的一部书上的一幅照片中，展示美国西北部一棵绶草属植物具有两种不同的手性，这不大可能是人为加工的。

无论如何，手性特征应当作为一项最基本的植物形态描述与分类特征而得到重视，它是像"叶对生、轮生"等一样重要甚至更加稳定的特征，理应在植物志书的植物形态描述中清楚地加以界定和记录。可惜现在没有这样做。我一直不明白，像《图解植物学词典》这么伟大的著作竟然没有谈到植物茎缠绕的手性，只定义了茎上叶着生顺序的右旋与左旋，这多少有一点遗憾。不过，从这部词典对叶着生左旋（sinistrorse）、右旋（dextrorse）的描述及给出的示意图看，[①]词典关于左右旋的定义与我们的理解完全一致。王文采院士曾给予这部书以高度评价："有了这本书，再进行种子植物的描述就有了依据和标准。在这方面这本书起的作用实在很大。"

这世界上的植物，到底是左手性的多还是右手性的多呢？自然界中大量存在手性分布不均匀性或者叫手性优择（chiral preference）现象，这是一种根本性的事实吗？如果是，其机理是什么？有普适的机理，还是有各种各样不同的机理？有手性基因吗？

科学哲学中经典的"归纳问题"出现了，由于受个人经验的限制，在局部上可能高估某一种手性植物的数量，我们猜测的命题逻辑上总是可错的。库克曾说："根据目前为止所进行的观察，虽然在攀缘植物中右旋的数量大于左旋，但是有可能，如果足够多的标本得到鉴定，也可能得到相反的结论。为什么会有这样的差别，原因尚不清楚。"

植物的宏观手性特征意味着什么？我们的确不清楚。手性对称是一种基本的对称性质，它在大自然中具有极其重要的作用。现在已经揭示手性在许多领域扮演重要角色，有着大量实例的植物界也不大可能例外。

可以设想几个有趣的实验：（1）检验紫藤属中两类不同手性的紫藤能否配育，如把一个的雄蕊摘除，用另一个的雄蕊给它授粉，看它们之间能否结出种子。还可以用嫁接的办法试验。（2）设计一个转动平台，在

---

① 詹姆斯·吉·哈里斯、米琳达·沃尔芙·哈里斯：《图解植物学词典》，王宇飞、赵良成、冯广平、李承森等译，科学出版社，2001年，第49、147页。

人工非惯性系中观察植物生长中手性是否发生改变。可以猜测植物茎蔓的缠绕与最初科里奥利力（Coriolis force）的长期作用有关，后来的植物继承了先辈的手性。（3）设计实验，研究手性是否带有植物地理起源的信息，特别是能否利用它追踪古代植物是从哪个古大陆上来的。这些大概属于生物物理和地质古生物学的范围了。

植物手性特征与光学活性（optical activity）有关，在生物学中非常重要，进化生物学、生物化学和生物物理学都在研究这种奇特的现象。法国人阿拉果（François Arago，1786—1853）在1811年、菲涅耳（Augustin Fresnel，1788—1827）在1820年就研究过光学活性，这里面的对称与对称破缺是如何发生和演化的？地球上生命体中的氨基酸分子为什么都是L构型的（只有一种氨基酸没有手性）、组成核酸的核糖和脱氧核糖分子为什么都是D构型的？这些问题都没有得到完全解答。

巴斯德（Louis Pasteur，1822—1895）曾说："生命向我们显示的乃是宇宙不对称的功能。宇宙是不对称的，生命受不对称作用支配。"（转引自王文清）数学家外尔（Hermann Weyl，1885—1955）却说："但是不对称很少是仅仅由于对称的不存在。"其实，宇宙中对称与不对称总是缠绕在一起的，两者同时存在，但都不是绝对的。一个层次上的对称可能是另外一个层次上非对称的根源，反之亦然。只要稍稍留心观察大自然中千姿百态、气象万千的生物，这些就不再是抽象的辩证法了。不过，科学不会停留在对表面现象的赞叹，最终会深入下去，找到具体的、定量的对应关系。传统博物学只提供感受大自然的机会，要想弄清机理，分子生物学必不可少。

由前文提到的杰森（L.Jesson）和巴雷特（S.Barrett）的研究工作可知，植物学中手性问题不限于茎，还涉及花柱等，植物的花柱有多态性，可以展现复杂的手性关系。他们的工作已经深入到基因层次，而且与进化和适应联系起来考虑，非常有趣，也值得我们重视。想进一步了解手性研究的进展，可看Wiley-Liss公司出版的杂志《手性》（*Chirality*，ISSN:

0899-0042），它是一部关于分子非对称性的药学、生物学和化学的一种重要的研究性期刊，是SCI、《化学文摘》、《生物学文摘》等索引的源刊物。

现在，让我们考虑一个动物学问题：多数寄居蟹（如*Dardanus*属和*Calcinus*属）的蟹钳（第一胸足，也叫螯足）左右是不对称的，一大一小，为什么左边（头朝前背面向上看）的长得大？

▲ 英文期刊《手性》（*Chirality*）封面，网上界面

我个人的一个猜测是，因为它所居住的螺壳一般都是右旋的，出于活动方便，寄居蟹的左螯足就长得大些！这正如它的腹部也是不对称的右旋体一样，是为了适应居住在右旋的贝壳中的缘故。这是不是目的论的解释？不是。这可用进化论说明。也许一开始，左右螯足大小都差不多，但在进化长河中，左螯足大者获得优势（由竞争或者环境压力造成），在自然选择过程中左螯足大者就存续下来，并且不断经历这种选择。这不是说当初根本没有右螯足大的寄居蟹，只是它们不适应环境，才被淘汰。当然，事情绝非如此简单。人们也许看过印度主神毗湿奴（Vishnu）的造像，女神左手托着一只奇怪的螺壳，此螺壳竟然是左旋的。据说这种左旋的螺壳在自然界中极少见，出现概率不足百万分之一。（据《化学与工程新闻》）长期以来这种左旋的螺壳被视为珍宝。一位十分关注手性（包括

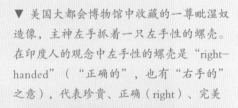

▼ 美国大都会博物馆中收藏的一尊毗湿奴造像，主神左手抓着一只左手性的螺壳。在印度人的观念中左手性的螺壳是"right-handed"（"正确的"，也有"右手的"之意），代表珍贵、正确（right）、完美

▼ 两只右手性的贝壳（上下为不同的角度）

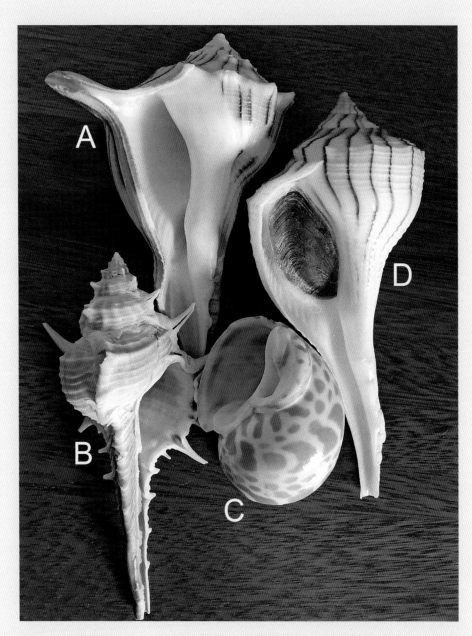

▲ 绝大多数贝壳都是右手性的。图中A和D是左手性的，B和C为右手性。A为反常盔螺
（*Busycon perversum*），也叫左旋香螺；B为浅缝骨螺（*Murex trapa*）；C为塔形凤螺
（*Babylonia spirata*），也叫深沟凤螺；D为反旋盔螺（*Busycon contrarium*）。A和D同
属，相似但不同，不应当合并

兰花手性）的立体化学家威尔策（Christopher J. Welch）指出："毗湿奴造像具有罕见的对映体形象，确凿无疑地表明当初设计此造像的人，非常欣赏手性。"

哈佛大学进化生物学家、古生物学家教授古尔德（S.J.Gould，1945—2002）是腹足纲软体动物专家，他也指出蜗牛壳通常是右旋的，左旋的十分稀少。更有学者陶必斯（Clifford Henry Taubes）用数学模型模拟不同手性蜗牛壳的演化，他的假设是：

（1）假定一只右手性蜗牛（dextral snail）生出一只左手性蜗牛（sinistral snail）的概率，与右手性蜗牛数乘左手性蜗牛数之积成正比。

（2）假定两只左手性蜗牛总是生出一只左手性蜗牛；两只右手性的蜗牛总是生出一只右手性的蜗牛。并假定一右一左配对的蜗牛产生的后代中，左右手性比例相同。

由这些假设陶必斯得到微分方程：$dp/dt=Mp(1-p)(p-1/2)$，其中$p(t)$为某蜗牛为右手性的概率，M是一个正的常数。这个微分方程可用分离变量的办法求解，但最终解并不容易得到，最好是用几何相图的方法把解簇形象地表示出来。由相图可知，$p=1/2$是不稳定的解，一般说来，随着时间的增加，解曲线沿两个方向走，或者通向$p=1$或者通向$p=0$。这意味着，不管当初p是多少，后来蜗牛壳的手性或者趋向于右手性或者趋向于左手性，不可能势均力敌。如果当初p稍稍大于$1/2$，则现在就是右手性一统天下了。这个模型很好地解释了手性对称破缺的现象或者事实。

显然，这个模型具有一般性，也可以用来说明植物的演化过程，植物手性的演变也由此得到说明。但数学模型并不在根本上涉及物理内容，它并不断言形态是否由基因决定等，甚至不同手性的物种能否配育成功也是个问题，这需要做广义的物理实验（指生物实验）来验证。那么自然界中是否存在右侧螯足较大的寄居蟹呢？我想可能存在，只是数量可能相当少。因为左螺旋的贝壳是存在的，就有可能存在专门适应于在此种贝壳中生存的寄居蟹。如果有一天，读者发现了那样一只寄居蟹，请一定告诉我！

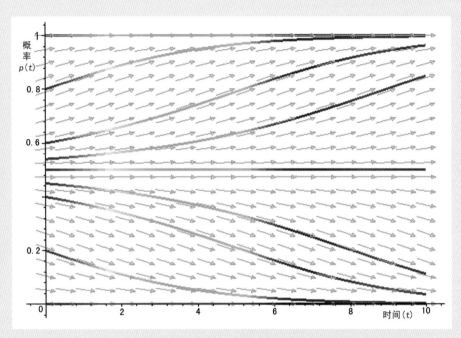

▲ 用相图表示的微分方程解曲线。此图很好地说明了解曲线的行为，当时间增加时，概率p或者趋向1或者趋向0，而1/2是不稳定的。这表明手性趋向于单一化

镜像世界

杨振宁、李政道及吴建雄设想并证明了，在弱相互作用下，"宇称"可以不守恒。"宇称"相当于手性。这表明我们知道的外部世界不是完全对称的。

有一种对称便有一种不变性，或者叫作规律。人们发现物理学规律在CP下是不对称的，但后来又提出CPT对称。即在三种变换同时进行下，所有物理学规律又恢复了。

这里T表示时间变换，即过去与未来互变；P表示手性变换，即左变成右右变成左。C表示粒子与反粒子互变。

中微子都是左手性的，现实中没有发现右手性的中微子。是真的没有

吗？另外，CPT对称意味着什么？现在还无法确切回答这些问题。

作一科幻式的假设，CPT对称隐含着宇宙起源的信息。时间可逆对于宏观现实世界是虚假的，但对牛顿物理学却是真的。如果宇宙有开始的话，在时间为0时，CPT对称就相当于CP对称了。宇宙对于我们，通常指世间的一切。但是严格说来，只是指我们能够观测到的东西或者我们能够理解、能够设想的一切东西。无疑，设想的东西是可变的（其实，观测到的东西也是可变的），尤其是其范围和可能性。

一个电子与一个反电子的差别何在？除了电荷符号相反外，其他的都一样。质子与反质子的关系也类似。这些反粒子都是在实验室中创造的，现实宇宙中是否有反粒子？是否存在"大量"反粒子？"大量"是指大到可与我们通常所理解的正常宇宙类似的程度。现在没有确凿的观测证据支持存在反物质宇宙，但是逻辑上这并不矛盾。

宇宙中也可能有"大量"镜像物质。当然，我们已经知道有许多具体物质的确是互成镜像的，如大分子的手性可以不同，还有植物茎的手性也可以不同。但我的意思是，"大量"指整个已知宇宙的量级。

如果有这种可能，宇宙整体上是对偶的，一面是我们现在居住的宇宙，一面是镜像的反物质的宇宙。两者共同构成了整个世界。起初，也许只是真空，表面上什么也没有，世界在真空中诞生，一半是普通宇宙，一半是镜像宇宙。这两部分之间仍然存在多种相互作用。物质与反物质直接作用，将导致湮灭，物质消失而变成能量。所以物质世界与反物质世界整体上不能太接近、不可能直接发生作用，"镜面"必须比较特殊，否则也会导致湮灭。

关于两大世界的关系可以有两种设想，一种是它们自产生以后相对独立发展，另一种则正好相反，它们永远同步对偶地发展。后一种可能性较有趣，有点像量子物理学中EPR实验讨论中提到的"神秘关联"：对一个粒子的测量就必然干扰另外一个与它对偶的却不在现场的粒子的行为。据说之所以有这种关联，是因为它们两个粒子组成的系统起初以及后来都保持着一种守恒性，如动量守恒。设想宇宙整体上也是这样的，你在此时此刻的每一动作，在遥远的镜像世界中都会"产生"一个"影子"，两者是同步发生的! 这种想法似乎十分怪诞，但有人说正因为荒唐，才有可能是真的。

现在，这当然无法检验，但我希望某部科幻小说能够表现这种可能世界的行为，那一定是有趣的。克拉克的小说提到尼尔松的"手性改变"，这不大可能在局部空间中实现，即使瞬间实现了，它也无法在具有相反手性的环境空间中久存。但这不意味着在其他条件下一点可能性也没有，这正是科幻的魅力。

第五章

草叶集：

植物的故事

哪里有土，哪里有水，哪里就长着草。

——惠特曼：《自我之歌》(*Song of Myself*)

国色天香，乃牡丹之富贵；冰肌玉骨，乃梅萼之清奇。兰为王者之香，菊同隐逸之士。

——程登吉：《幼学琼林》㊀

㊀程登吉原编，邹圣脉增补：《幼学琼林》，岳麓书社出版，2002年第2版，第209页。

　　植物有自己的故事，涉及植物的演化历史。我们这里说的多指植物学中有关植物的故事，讲的是人与植物交往的事情，是人研究植物的故事。BBC制作的《植物的私生活》是一种讲法，两者都涉及，我非常喜欢，但愿有一天我们也能拍摄出那样美妙的影片。其中有一集中播出时只有几秒钟的一个画面，在拍摄时同一场景同一机位至少拍摄了几个月。近些年我们也拍摄出了不错的片子。

　　十九世纪美国诗人惠特曼（Walt Whitman，1819—1892）曾自谦地将自己的伟大诗作命名为《草叶集》（*Leaves of Grass*，1855）。当一个孩子递上满把野草，问诗人："草为何物？"诗人陷入沉思，"我如何回答这孩子？对于草，我所知并不比他更多"。诗人终有所悟："I guess it must be the flag of my disposition，out of hopeful green stuff woven."（它由充满希望的绿色物质构成，它必是我性情的旗帜。）

▲ 美国诗人惠特曼

我们每天都会看到植物，哪怕只是一株小草。我们可曾注意它的存在？可曾寄情于它？

我讲述的故事不可能如惠特曼诗作一般优美，却同样出于真诚，愿与朋友分享。以下是有关植物浮光掠影的个人叙述，权充作"草叶"杂集。①

压缩的历史

中国古代的数理科学不够发达，但农学、植物学以及更广泛的博物类学问还是可以夸耀的。创作期不晚于春秋末叶的《诗经》现存300多篇，记述了90多种动物，130多种植物。葛、李、桃、柏、栗、麦、稻、桐等植物名从那时开始，一直沿用到现在，意思没什么变化。人们常提到《关雎》中的"关关雎鸠，在河之洲。窈窕淑女，君子好逑"。却很少提接下去的"参差荇菜，左右流之"，以及再后面的"左右采之""左右芼（音mào，拔取之义）之"。这荇（同"莕"，诸音均为xìng）菜就是睡菜科（原龙胆科）的荇菜（*Nymphoides peltata*）。《诗经》中还提到许多别的植物，详见《毛诗品物图考》。②

"植物"一词，首次出现在《周礼》，也沿用至今。

"植物非一，故有万卉之名。"③周秦之际的《尔雅》现在19篇，其中7篇涉及生物，如"释草第十三""释木第十四"。现在人们经常讲草本和木本，就是《尔雅》那时候确立的。这部书更有趣的（也非常科学）

---

① 这又令作者想起往事。读中学时，语文课沈老师曾组织大家自办刊物，名曰《缀英》。第一期便是由作者编写的。

② 冈元凤纂辑，王承略点校：《毛诗品物图考》，山东画报出版社，2002年。此书解释了一百多种草木，并附有较清晰的插图，但没有附拉丁属或者种名。

③ 程登吉原编，邹圣脉增补：《幼学琼林》，岳麓书社出版，2002年第2版，第209页。

是把木本植物分成三类：乔木、樕（xí）木和灌木。前后两者我们都熟悉，唯独这"樕木"现在不用了。但看一下当年的解释就明白了，樕木的叫法颇有道理：小枝上缭为乔；无枝为樕；族生为灌。樕木指棕榈科一类植物，有主干，但上面不分枝，这自然是一种难以替代的分类。

成书于公元一世纪左右的《神农本草经》，要算得上世界最早的本草学著作了，它收录植物250多种。

明朝的时候，朱元璋的第五个儿子朱橚（周定王）编出非常有价值的《救荒本草》，他"考核其可佐饥馑者得四百余种，绘图疏之"。全书列414种植物，均注明可食部位、加工办法。全书突出一个"食"字，不是如今某些人吃腻了美食，专门猎奇，要吃什么稀有的野生动物或者植物。他写那样一部书，有着非常现实的考虑：救人命于灾荒。他的书名副其实，开创了救荒植物学，是经济植物学的先导。科学史家萨顿曾称，《救荒本草》可能是中世纪最卓越的本草学著作。[1]1881年德国一植物学家曾为该书部分植物标定学名。20世纪40年代英国药学家伊博恩（Bernard E. Read，1887—1949）还出版过《〈救荒本草〉中所列救荒植物》一书，列出358种植物的中文名和学名。

再后来有李时珍（1518—1593）的《本草纲目》，记录植物1000多种。达尔文曾受到《本草纲目》的影响，在其著作中引用过。

19世纪河南人吴其濬（1789—1847）编《植物名实图考》，在我国开植物图鉴之先河。全书著录植物1700多种。该书对有些植物的描述相当精确，如对龙芽草的描述。

李善兰（1811—1882）于1857年由"botany"创译出中文名"植物学"，还创译过萼、瓣、须、心皮、胎座、胚、子房等重要植物学术语。他还创译了分类学上的"科"，如伞形科、石榴科、菊科、唇形科、蔷薇

---

① 转引自陈德懋：《中国植物分类学史》，华中师范大学出版社，1993年，第94页。本节数据也主要依据此书。

科、豆科等等，这些译名一直沿用。"科学"（science）一词是中国人从日本译名中学来的，而日文中"植物学"一词却是日本人从中国人李善兰翻译"botany"的创译中学去的，原来日本译作"植学"。李善兰译出《植物学》一书，标志着中国传统植物学与西方植物学正式接轨。

鸦片战争到民国时期，西方近代植物学输入中国，外国植物学家不断到中国掠夺性地采集标本。

1887年傅兰雅（John Fryer，1839—1928）经办的《格致汇编》在上海出版，这是中国最早的科学杂志，它曾大量译介近代植物学。1905年，中国人黄明藻编撰的植物分类学图书《应用徙薪植物翼》出版。1907—1908年博物学教授叶基桢出版教科书《植物学》。1914年中国博物学会出版《博物学杂志》。1915年中国科学社出版《科学》。

1916年博物学副教授钟观光被北京大学校长蔡元培聘到北大生物系任教，蔡让钟到全国各地考察植物。钟带领弟子，足迹遍布大江南北，钟遂成为近代国内从事大规模植物标本采集的第一人。他采集的腊叶标本计15万多号，16000多种。他用四年时间为中国人建立起北京大学植物标本室。

1928年静生生物调查所在北京成立。它由尚志学会、范静生家属集资创设以纪念范静生，得到中华文化基金会的协助，由胡先骕和秉志具体操办的。范曾留学日本，攻博物，回国后发起尚志学会，辛亥革命后曾任北洋政府教育次长（蔡元培为总长），后曾在三届政府任教育总长。范先生从事教育行政之外，平日闲暇，以研究植物自娱，"尝谓自然物象乐趣无穷，安事他求"。调查所初设于北京石驸马大街，聘秉志为所长兼动物部主任，胡先骕为植物部主任。

1933年中国植物学会成立，出版《中国植物学杂志》，主编胡先骕。1934年中国的亚高山植物园庐山森林植物园建立，竺可桢、任鸿隽、董时进、梅贻琦（清华大学校长）、辛树帜（国立编译馆馆长）等莅临庆祝大会，蒋介石于美庐别墅设茶点宴请与会代表。该园定名为"静生生物调查所、江西农业院庐山森林园"，简称"庐山森林植物园"。

小试博物：《金瓶梅》的成书年代

近来研究《金瓶梅》的文章越来越多，这俨然成了一个文化产业（也听说有"达尔文产业"和"海产"的，后者指海德格尔产业，即许多人靠老海吃饭）。可惜，我只记住了一篇"外行"的小文章。植物学院士周俊曾写过一短文，刊于《科学时报》的读书周刊上（2001年6月1日）。他用植物学的知识考证《金瓶梅》的作者和成书年代。

清末民初有人认为王世贞是《金瓶梅》的作者，但吴晗加以否定。周院士利用云南奇药三七的发现史，讨论了《金瓶梅》的成书年代和可能的作者。周说，最早记载三七的是明朝李时珍的《本草纲目》。文坛领袖王世贞为他的书作序。周推想，李时珍很可能向王介绍了三七的发现。遗憾的是王世贞为他作序后不久，就在这一年病逝了。

王世贞可能是从李时珍的介绍中才知道三七这一名药，并知道三七的止血功能。因此小说作者绝不可能是王世贞。《金瓶梅》小说有一处提到三七，即第62回写到李瓶儿子宫出血不止命危旦夕时，她前夫花子虚的兄弟花子由来看她，说："俺过世公公老爷，在广南镇守，带的那三七药，曾吃来不曾？不拘妇女甚崩漏之疾，用酒调五分末儿吃下去即止。"三七的这一功用《本草纲目》已有记载，即治疗"妇人血崩"功能。但有一点是不能回避的，《金瓶梅》说药来自广南，而本草纲目记载三七产地为南丹诸州番洞深山中。南丹县在广西西北部，未闻产三七。但是《金瓶梅》对三七产地的记载比本草纲目更符合今天实际。

可以认为，"《金瓶梅》成书年代晚于《本草纲目》，而且作者对云南情况较熟悉。该书34回和35回都提到西门庆家中有云南玛瑙镶成的两种漆器，也说明作者熟悉云南"。

《本草纲目》的成书年代是可靠的：王世贞作序是1590年春，书刻成是1593年，进献万历皇帝是1596年冬。

三七是李时珍首先发现并记载的，于是《金瓶梅》成书之年当是1590

或1596年以后，《金瓶梅》作者也不可能是王世贞了。于是周院士得出："《金瓶梅》的成书年代上限比吴晗先生设定的上限（1582年）还要晚近十年，成书当在1590年或1596年至1606年之间。因为1606年已有人见到此书抄本。如把成书时代限定在这10年内，或许有助于考证谁为该书作者。"

看了这则小文章，不得不佩服。我想周的研究绝对值得《金瓶梅》专家重视。要说周先生的研究有多高深，也没有，但是他博闻通洽，方法对头，推理清楚。看来植物学大有用处。

植物的故事千千万万，我是外行，但也愿意讲讲自己经历的少数不那么生动的故事，与大家分享，希望别人讲出更好的故事。

桔梗

也许跟小时候的生活环境有关，一听到"桔梗"这个词，立即想起东北的一种小咸菜，尤以朝鲜族家庭腌制的味美可口。朝鲜族还有一首非常好听的《桔梗谣》，唱的也是这种植物。

记得有一段学外语的相声，演员有意模仿用朝鲜语唱的《道拉基》（即《桔梗谣》），观众听起来好像是"倒垃圾，倒垃圾，倒了一大笭筐！"其实，这相声与真正的朝鲜歌谣及野生的桔梗毫不相关，还破坏了有关桔梗的美好形象。《桔梗谣》是高丽民歌之一。产生于江原道，后来流传到整个朝鲜半岛。曲调平缓流畅，但各地采用的歌词不同。桔梗是朝鲜人爱吃的一种野菜，传说它是一位姑娘的名字。据说某地方官吏想霸占她，她的恋人杀死了这个坏人，结果被关入监牢。姑娘抑郁而死，去世前请求把自己葬在情人砍柴要经过的山路旁。翌年春天，她的坟头上开出了一朵紫色的小花，人们称它"道拉基"（桔梗的朝鲜语音译）花，还编成歌曲传唱。春天时节，朝鲜妇女结伴上山挖桔梗，时常唱颂这首桔梗谣。

《桔梗谣》歌词我知道有两个版本，其一是：

道拉基，道拉基，道拉基，

种桔梗，拔野草，忙碌不息，

留着汗水，打着泥，要用力，

我们要用力，要把野草连根拔起。

嗨哟……

用力拔起野草，

桔梗就可以种下地，

等到秋季里，桔梗就会迎风摇曳。

《桔梗谣》歌词更常见的版本为：

▼ 簇生的桔梗幼苗在干旱的土地上破土而出，此为人工栽培品种

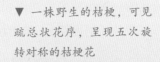
▼ 一株野生的桔梗，可见疏总状花序，呈现五次旋转对称的桔梗花

桔梗哟，桔梗哟，

白白的桔梗长满山野。

只要挖出一两棵，

就可以满满地装上一大筐。

哎咳哎咳哟，哎咳哟，

这多么美丽，多么可爱哟，

这也是我们的劳动生产。

对后者，我起先怀疑逻辑上是否准确，因为挖出一两棵如何能装满一大筐？我小时也多次上山刨桔梗根，甭说一两棵，就是几十上百棵也难装满一大筐。2002年10月16日金炫珠在北京电视台一节目中演唱此歌曲时，我用数码相机连续拍下字幕，一一核对，仍然是"满满地装上一大筐"。也许对艺术不能细究，可是，因为那是民谣，民谣该不会过分脱离生活吧？

言归正传。桔梗（*Platycodon grandiflorum*）为桔梗科桔梗属多年生草本植物。本科著名植物主要有党参、轮叶党参、紫斑风铃草、沙参等。桔梗中的"桔"字音为"杰"，类似的，"荨麻"中的"荨"读作"钱"，而在医学的"荨麻疹"中"荨"读作"寻"。

桔梗，淡紫加淡蓝的色彩，呈现严格五次旋转对称的桔梗花，几乎人见人爱。在英文中，桔梗叫作balloonflower，直译是"气球花"，是说它的样子像降落伞状的气球。那种尚未开放并将要开放的桔梗花苞，的确惹人凝视良久，它也像儿童制作的小星星，手指大小，中间满满的，周围恰到好处地突起五个小角，那三维曲面之优美非最好的数学所能描述。即使已经多次见过，下一次保证还要驻足。喜欢摆弄CAGD（计算机辅助几何设计）的，不妨拿桔梗花苞练练手。

东北长白山区经常可以见到桔梗，在北京我只在昌平区银山塔林的路上及海淀区鹫峰的山顶上，见过少量几株野生桔梗。之前去大连，我在海边的岩壁上发现两株挺拔怒放的桔梗，像亭亭玉立的少数民族女孩。在植物园中，桔梗较常见，如北京马连洼中国医学科学院药用植物园、西安植物园等。除了蓝紫色花的桔梗外，还有开洁白花朵的桔梗，它是前者的一个变种，拉丁名写作*P. grandiflorum* var. *album*。

桔梗高40—80厘米，叶3—5枚，互生、轮生或对生；花大单一，顶生或数花成疏总状花序；萼片5，花冠钟形5裂，雄蕊5，子房5室，柱头5裂；蒴果卵圆状球形。根肉质，粗壮，淡黄色。由于用量较大，现已广泛人工栽培桔梗。

腌制小菜通常将桔梗根去皮，得到白色的根肉，直接撕成细条，加辣椒、盐等调料，即可食用。也可将根洗净，放在高粱秸子编制的草帘上晾干，或用线穿成串挂起来阴干，食用时用水浸泡后再作加工。

除了食用，桔梗也是一种很有名的药材，《神农本草经》上就有记载。2000多年前的这部老书（原本已散佚），有一种今天看来相当奇怪的"三品分类法"，该书载药365种，分上、中、下三品。上药120种为君，主养命以应天；中药120种为臣，主养性以应人；下药125种为佐使，主治病以应地。这些分类显然受到董仲舒关于人性三品说的影响。

那么美丽的桔梗在三品分类体系中处于什么位置呢？不幸，被列在了下品中，与连翘、射干、皂荚、贯众等居于一处。

其实这也算名副其实，上品、中品草药声称的功能，多半是想象的，"多服久服不伤人""轻身益气不老延年"也未必确切。唯这下品，被指出了有毒，不可久服，"欲除寒热邪气破积聚疾者本下经"。

按现代科学分析，桔梗含桔梗皂苷D，桔梗酸A、B、C，远志酸，阿尔法菠菜甾醇，花青甙，吗啡等。花中含有一种蓝紫色素，称桔梗色素。根中还含有14种氨基酸及22种微量元素。据有关材料，桔梗主要有如下药理作用：（1）祛痰镇咳；（2）降血糖；（3）抗炎；（4）抗溃疡；（5）抗肿瘤；（6）抑菌。在中医药学中，桔梗性味与功用为，苦、辛，平。宣肺，利咽，祛痰，排脓。水煎服根，用量3—9克。

▲ 野生的桔梗。2002年8月7日摄于大连金石滩海滨

▲ 白花桔梗的白花及蒴果。白花桔梗为蓝紫花桔梗的变种。摄于北京中国医学科学院药用植物园

▲ 西安植物园内的一株桔梗，可见明显的疏总状花序。2002年7月摄

　　易轻信的朋友，看了如此多"好功能"，也许会立马喜欢桔梗，但本人郑重提醒：据我观察，许多植物都有类似的功能，但是无一是真管用的。虽说抗肿瘤、抑菌等并非传言，但并非"多服久服"就长生不老。

　　我喜欢桔梗，是因为它美丽；我喜欢吃桔梗，是因为它可口。如此而已。基于这样的理由，即使它对自己有一点损害，又怎么样呢？

偶遇瓦松

　　在西安碑林参观，兴致索然，坏了儿时的想象。扫兴中顶雨走到院中透气，抬头猛然间发现了房瓦上的一种植物：瓦松，心情顿时好转了一半。掏出相机，变焦，取景框闪烁示意电池将耗尽，急忙拿下最后一张。

▲ 陕西西安碑林院内一房屋上的瓦松，摄于2002年7月16日

　　说来巧合。几天前在陕西曾几次见到过瓦松。一次是在革命圣地延安的王家坪。那天下午在匆忙中参观了王家坪，留下的主要记忆是展板上记录着彭德怀 1958 年 11 月 7 日讲的几句："延安的人民群众在战争年代做出了很大贡献，建国这么多年了，延安为什么这么落后？老百姓的生活为什么还这么苦？我们究竟给延安人民做了多少事？对不对得起延安人民？你们当干部就要为人民办事，要讲实话，办实事，不能当官做老爷。"在回想着彭总的牢骚话登上了大客车，车缓缓向王家坪的窄门驶去，凭窗一望看见了满房子的瓦松。从来没有见过如此多的瓦松，快速换上 80—200 毫米的镜头（那天没带数码相机），连拍了几张。

　　另一次是由延安回西安，中途参观了黄帝陵。轩辕庙中树龄在数千年的侧柏让人心情凝重，传说中人文初祖黄帝"手植柏"位于大门内左手最显眼处。即使不是黄帝亲自所植，这棵古柏树龄确在千年以上，造假是不大容易的。祖宗植树，后人受益，这教育意义是显然的。果然，手植柏西侧有中华名树公选养护活动办公室和黄陵县人民政府立的"中华名树碑"，碑文曰："人文始祖亲手植树是向子孙们呼唤和昭示……前人栽树，后人乘凉，我们是前人的后人，又是后人的前人。"另一株有趣的古柏是"汉武帝挂甲柏"，又称将军树，据说汉武帝征朔方还，挂甲于此树。这多半是猜测，主要原因可能是这株古柏树干斑痕密布，纵横交织成甲片状，后人附会挂甲所致。外形看，这株古柏并无特别之处。但抬头向上望，在离地约 3 米处，巨大柏枝上竟然生长着一株株植物，细看乃瓦松，总共有 10—15 株。这般生境，神了，从来没见过。顾名思义，瓦松一般生长在房屋的瓦缝中、山梁或者山坡石缝中。这古柏粗糙的树皮中能够积攒多少营养和水分？不过，那瓦缝与石缝中又有多少呢！

　　在陕西最后一次目睹瓦松是在华阴市的华山，那是在由险峻的北峰向中峰挺进的途中，光秃秃的白色花岗岩脊梁两侧不时可见到微微泛红的瓦松。这是我实地见过最漂亮的瓦松，但拍摄却十分困难，稍不小心便可将小命断送了。因为一旦滑下，摔下约 1000 米的深渊，必死无疑。我小心

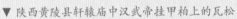

▲ 延安王家坪革命旧址一间房屋上的瓦松
▼ 陕西黄陵县轩辕庙中汉武帝挂甲柏上的瓦松

地换上长焦镜头，勉强拍了两张，那时天气又不好，景深范围较小。我后悔背了重重的大背包，偏偏没有带上数码相机。

说了半天，瓦松其实是一种很普通的植物，在北京也能见到，只是没见哪家房顶着生的。北京城已是水泥的世界，哪有瓦松的活路。

瓦松（*Orostachys fimbriatus*），是景天科瓦松属植物，二年生或多年生草本。瓦松之名早见于苏恭《唐本草》。

瓦松株高 15—25 厘米，叶肉质，基生叶莲座状；茎生叶散生，无柄线形。花序圆柱状总状或圆锥状，苞片线形，花瓣淡粉红色。全草含草酸，可入药，有止血、敛疮之效。

在北京地区，高山顶部容易见到瓦松。这不，下图是在北京门头沟北港沟的半山腰处拍摄的，莲座状的瓦松正好处于巨大的砾石中间的一个小凹陷处。可能这儿正好掉了一块儿小砾石，多少年来积累了一点点尘土，瓦松的种子飘落于此，便成长起来。

▼ 北京门头沟北港沟半山腰处一巨大砾石中的瓦松

北京西山的鹫峰和阳台山的山顶都有不少瓦松，但想爬到山顶也得出点汗才成，所以在北京看瓦松可不像在农村那么容易。

据瓦松的生境，我猜想它一定好养，于是在一只曾养过水仙的瓷盘中栽了几株。这瓷盘的缺点是下面没有排水孔，涝了没法自动排水。不过这环境与它长在石头坑中仿佛，只是平时注意别浇太多水，旱点没关系。我养得如何？看看照片就知道了。养瓦松的盆中还长出了酢浆草。在自然条件下，它们两个是不会生长在一起的。既来之，则安之，索性留它陪着瓦松。

瓦松并非只有上述一种，同属植物还有狼爪瓦松（ *O. cartilaginea* ）、钝叶瓦松（ *O. malacophyllus* ）等。后者分布在海拔 2300 米以上砂砾裸地，美丽动人，我在《中国长白山高山植物》（祝廷成主编：《中国长白山高山植物》，科学出版社，1999 年，第 162 页）中见过。实话说，钝叶瓦松确实更漂亮，楚楚可人。但看植物如看女孩，万不能喜新厌旧。女孩虽不能兼收并娶，植物却可遍览无碍，亦可陋室并养。有人曾问，什么植物最好看。我说，都好看，关键要带着美的心境。

我觉得，瓦松就很耐看，且百看不厌。你如果觉得不好看，那是因为你不喜欢它。

植物有感情吗？

植物有没有感情？这事较复杂，不能笼统下断语。

有一部《绿色魔术：植物的故事》，曾转述这样一段话："有一次，巴克斯特走进了纽约的时代广场（其实是"时报广场"），那里人来人往，川流不息，他随时记录下他进行各种活动的具体时间，比如他跑步、走路、下台阶的时间，甚至把他同卖报纸的人吵嘴的时间也记录下来，而在此同时他又让自己的同事记录下实验室内他精心培育过的三株植物在那段时间里做出的反应。结果发现他的情绪发生变化时，那三株植物也同时发生了变化，这就说明植物与培育它们的园丁之间存在着特殊的情感共

▲ 作者家中水仙盘里栽种的瓦松

▲ 家中栽培的瓦松。花瓣5个，雄蕊10个

▲ 家中栽培的瓦松。花序呈现穗状

▲ 北京延庆古崖居风化的花岗岩上生长的瓦松

鸣。"①

再看一段："后来巴克斯特又用海虾进行实验，他在三个房间里各摆放了一盆植物，而且都接上了测试电极，然后在一个随意选定的时间里用自动装置杀死了海虾，结果这些植物同时都表现了强烈反应。看来它们还真有点'人道主义精神'呢。"②

不管动机如何，对这类有关植物感觉、感受性和意识的描述，我都是高度怀疑的。巴克斯特（Cleve Backster，1924—2013）这个人，多年前我就知道他。此人1968年在《国际超心理学杂志》发表过一篇论文，声称通过实验证明了植物有记忆力，有类似动物的感觉能力。1974年6月美国植物生理学家学学会（ASPP）一次会议期间，圣路易斯华盛顿大学的皮卡德（B.G.Pickard）组织了一个讨论会，描述了一个独立的可控的实验，试图复现巴克斯特先生的实验，结果不成功。③1975年1月美国科学促进会（AAAS）一次会议上巴克斯特与加斯泰格尔（E.L.Gasteiger）和克梅茨（J.M.Kmetz）等部分反对者面对面试图重复巴克斯特先生的实验，也没有成功。后来一系列实验也如此。

植物科普书中经常出现有关巴克斯特实验的说法，却少有植物学家站出来澄清。人们喜欢讲和听离奇的故事，而不愿意听取对离谱故事的揭露。《文摘旬刊》摘编了《科学博览》上一则类似的故事。某人摘了三片榆树叶放在床边的一个碟子中。他集中思想，注视其中的两片，劝勉它们活下去，而不理剩下的一片。一周后剩下的那片枯死了，而"发过功"的两片仍然青绿着。据说后来他又与海芋属植物进行情感交流，而海芋还能对心怀歹意的心理学家表现反感。④这些耸听的叙述都没有确凿的根据，无法重复，属于一厢情愿。

----

① 文朴编译，《绿色魔术：植物的故事》，团结出版社，2001年，第304—305页。
② 同上书，第305页。
③ 参见《科学》，1975年，189期，第478—480页。
④ 见《文摘旬刊》，原载《科学博览》，2001年9月。

▲ 工作中的测谎专家巴克斯特。他于1966年把电极插入植物进行所谓"植物感觉"测试。科学共同体不承认他的工作，但受到一些宗教信徒的欢迎

　　我们喜欢植物，却没有必要编造植物与人相似的特别故事。植物因为是植物自身而理应得到人们的尊敬，完全不必因为看起来像我们人类而身价高起来。

　　我们不知道植物一般地是否有感情，但可以肯定的是，没有巴克斯特等人实验声称的那种感情。这类故事及对其的反驳，总是令人扫兴。最后还是哼唱一曲《茉莉花》吧。

好一朵茉莉花

　　2002年底，上海"申博"成功，张艺谋为此次申博制作的五分多钟的艺术片，是以中国民歌《茉莉花》为主旋律的。《茉莉花》应当说也为申

博立了一功，据说在申博现场，当中国代表陈述时，《茉莉花》曲调反复奏起，影片中"好一朵美丽的茉莉花"被男女老幼一遍又一遍地唱颂，效果极佳。

2001年10月在上海召开的APEC会议晚宴上，晚会的伴奏音乐首先响起的也是民歌《茉莉花》。再往前，1997年6月30日，香港回归祖国的交接仪式上，中国军乐队演奏的第一首乐曲是《茉莉花》。第二天香港特区政府成立庆典上，著名大提琴演奏家马友友又演奏了这首乐曲的"辽宁版"，香港的少年合唱队演唱了这首歌。1999年12月19日午夜，中葡两国政府澳门回归政权交接仪式现场，也奏响了这首《茉莉花》。①

《茉莉花》与中国革命史和外交史有重大关系，堪称中国"第二国歌"。如果说《义勇军进行曲》显现了中国人民庄严、奋进的一面，《茉莉花》则显现的是悠扬、婉转的一面。在重大场面，这两首歌曲都要出场。而这两者结合起来才能代表中国人的完整性格。

1965年春天，周恩来、陈毅到印尼参加庆祝万隆会议十周年活动，前线歌舞团的节目中就有女声小组唱《茉莉花》。1997年秋，江泽民访美，克林顿在白宫草坪举行欢迎音乐会，美国交响乐团演奏了《茉莉花》。

1998年克林顿回访中国，在人民大会堂举行的文艺晚会上我们也演出了《茉莉花》。1999年5月1日，昆明世博会开馆，这是园艺界的大会，自然要奏响这首《茉莉花》。1999年7月，为庆祝中华人民共和国成立50周年，"世纪世界"音乐会分别在北京和上海举行，俄罗斯红军歌舞团的著名女高音歌唱家用纯正的中文演唱了这首歌，激起满堂喝彩。

据《人民日报》海外版，这首脍炙人口的江苏民歌《茉莉花》早在20世纪50年代就在全世界传唱。在中国，《茉莉花》的唱法有几十种。在国外也有多种版本，普契尼的《今夜无人入睡》，张艺谋导演的《图兰朵》

---

① 吴跃农：《一位新四军战士与苏北民歌〈茉莉花〉》，载《大地》，2000年第4期。另见吴跃农：《茉莉花香飘四海》，载《人民日报》（海外版），2002年4月19日。本小节多处参照吴跃农的文章。

▲ 茉莉花（*Jasminum sambac*），木樨科

都反复出现《茉莉花》的背景音乐。萨克斯演奏家凯利金的乐曲中，也有
改编的《茉莉花》。几年前美国发射一颗星际探测器，搭载了许多国家的
优美乐曲作为地球礼物送给外空生命，中国入选的乐曲就是《茉莉花》。

> 好一朵茉莉花，好一朵茉莉花，
> 满园花开香也香不过它，
> 我有心采一朵戴，又怕看花的人儿骂。
> 好一朵茉莉花，好一朵茉莉花，
> 茉莉花开雪也白不过它，
> 我有心采一朵戴，又怕旁人笑话。
> 好一朵茉莉花，好一朵茉莉花，

满园花开比也比不过它，

我有心采一朵戴，又怕来年不发芽。

《茉莉花》的歌词也同样值得玩味。它原是从民间唱词中提炼出来的。1942年冬，何仿是新四军淮南大众剧团的小演员，14岁。为了反击日本侵略军的扫荡，部队首长张劲夫同志指示他们到边区去开展反扫荡的宣传，同时响应毛泽东在延安文艺座谈会上的讲话号召，深入到农村去，向民间艺人学习。

何仿与战友到扬州附近的六合金牛山地区去，一天，他们找到了当地一位知名的民间艺人，采集到了这首在当地广泛传唱的扬州民歌"茉莉花"的原版《鲜花调》。

《鲜花调》为扬剧曲调，原歌分三段，何仿边听边记词曲，原词是这样的，当时唱的可不是只有茉莉花一种植物：

好一朵茉莉花，好一朵茉莉花，满园花香香也香不过它；

奴有心采一朵戴，又怕来年不发芽。

好一朵金银花，好一朵金银花，金银花开好比勾儿牙；

奴有心采一朵戴，看花的人儿要将我骂。

好一朵玫瑰花，好一朵玫瑰花，玫瑰花开碗呀碗口大；

奴有心采一朵戴，又怕刺儿把手扎。

这首古老的民间小调通过赞美茉莉花，含蓄地表现了男女间淳朴而柔美的感情。据说早在清朝乾隆年间出版的戏曲剧本集《缀白裘》中，就刊载了它的歌词。原歌分别吟唱了三种花：茉莉花（木樨科）、金银花（忍冬科）、玫瑰花（蔷薇科）。艺术形象不够集中，又以江南小女子的"奴"为第一人称，唱的是阿哥阿妹的相思情。另外，原歌虽然乐音优美，但有轻佻的感觉。直接把它拿到部队传唱，不大合适。何仿试图对这首民歌进行修改，但当时他还没有这个能力。直到1957年，他在北京与民主德国的合唱专家一起探讨民歌演唱，要找一首适合女声合唱的中国民歌，何仿想到了这首《鲜花调》。经过对原曲原词的修改及再创作，才有了现在的《茉莉花》。曲调未做很大改动，三段歌词改为只写茉莉花一种植物。《茉莉花》在北京由前线歌舞团一曲唱红，当年中国唱片社出版了唱片，从此，这首江苏扬州民歌以《茉莉花》之名传遍世界乐坛。[①]

好一朵美丽的茉莉花！

茉莉花之歌源于江苏、浙江，中国茉莉花之都却在广西横县。2018年，横县共种植70平方千米茉莉花，有33万名花农，年产8.5万吨茉莉鲜花、6.5万吨茉莉花茶。茉莉花和茉莉花茶产量均占中国总产量的80%以上，占世界总产量的60%以上。2021年撤销横县，设立县级横州市。

---

① 据《扬子晚报》和新加坡《联合早报》，何先生因整理这首歌前后收到过三笔稿费。第一笔为40元。第二笔11元。第三笔稿费，即最大的一笔还只能算"借光"。2000年3月，《北京音乐周报》请何老写了一篇题为《茉莉花开的故事》的文章，共3000字，收到稿费100元。三项合计151元。

第六章

梅边吹笛：人与草木

草木有本心，何求美人折？

——张九龄：《感遇》

当前的大问题就是：怎样去要回大自然和将大自然依旧引进人类的生活里边？这是一个极难措置的问题。人们都是住在远离泥土的公寓中，即使他有着最好的艺术心性，也将何从去着力呢？即使他有另租一间屋的经济力，但这里边怎样能够种植出一片草场，或开一口井，或种植一片竹园呢？一切的一切都是极端的错误，都是无法挽回的错误。

——林语堂：《论石与树》

植物进入作品，想必年头久了，当在文字著作诞生之前。画家在画中，艺人在戏曲中，都喜欢植物，但这还不足以充分说明一般的爱植物心理。中国画重意境，轻写实、透视，其中的植物多数是"四不像"，郑板桥的作品算是个例外。

以植物名为作品名的，有周作人的《泽泻集》、张爱玲的《郁金香》、权延赤的《狼毒花》、慕容雪村的《伊甸樱桃》和小仲马的《茶花女》等。①过着纵欲生活却有着处女神态的巴黎宝贝玛格丽特到剧场看戏，三样东西总不离身：一架望远镜，一袋糖果和一束茶花。这位可怜的交际花告别人世后，唯一值得欣慰的是，其坟地被铺满了白色的山茶花。小仲马曾用桃子来描述她的美丽，如"艳若桃李的鹅脸蛋""皮肤上有一层绒毛而显出颜色，犹如未经人的手触摸过的桃子上的绒衣一样"。

过去的儿童读物中曾借植物说事，如"倒啖蔗，渐入佳境；蒸哀梨，大失本色"，又有"萱草可忘忧，屈轶可指佞"。唐诗有"江南有丹橘，经冬犹绿林"等等。

文艺作品常用植物形容人物、描写场景。《红楼梦》中有"莲枯藕败""弱柳扶风"的句子。词曲中有"西城杨柳弄春柔"（秦观）、"夜扫梧桐叶"（夏完淳）、"茨菰荷叶认零星"（吴锡麟）、"采菱歌断秋风起"（苏过）、"红杏枝头花几许"（赵令畤）、"红香径里榆钱满"（辛弃疾）、"萍散漫，絮飘扬"（曾觌）、"柏叶椒花芬翠袖"（毛滂）、"雨打梨花深闭门"（李重元）、"小桃枝下试罗裳，蝶粉斗遗香"等等，实在涉及了众多植物。对诗词中的植物进行分类研究，完全可设立一多学科交叉课题。

杨基有一首"小资"情调十足的词，植物在其中起了不小的作用：

---

① 我还看过一部电影《白色夹竹桃》（*White Oleander*），又译作《美毒花》。影片中母亲用夹竹桃花毒毒死她的情人，被判终身监禁。其15岁的女儿则被迫在多个收养家庭中辗转。

浣溪沙

软翠冠儿（指用花草编成的头饰）簇海棠，研罗（指光滑的丝绸）衫子绣丁香。闲来水上踏晴阳（指春天）。

风暖有人能做伴，日长无事可思量。水流花落任匆忙。

春光融融，美景如画。青春做伴，天地为庐。美哉。可挡得住诱惑？

这方面的话题说一年也说不完。

经初步统计，在词中"柳"字出现甚频，如"杨柳岸晓风残月"。但跳出词这种体裁，进入一般的文艺作品，"兰"等可能就要代替"柳"了。梅兰竹菊并称四君子，松竹梅为岁寒三友，柳自然无法相比了。在中国古代，"兰"是一切美好事物的代名词。比如：

兰章：指好文章；

兰态：指优美的仪态；

兰肴：指美食；

兰宇：指宫室华美；

兰友：指良友；

兰兆：指怀孕；

兰芷：喻美德；

兰风：指香气；

兰时：指春天。[①]

不过，也由于兰影响过大，人们把许多与兰花没关系的植物也叫作某某兰，如虎尾兰、君子兰、泽兰、米兰、龙舌兰、木兰、文殊兰等。据调

---

① 详见刘金主编，潘光华编著：《兰花》，中国农业出版社，1999年，第14—15页。

查，"兰"字是中国女性姓名中使用频率最高的一个字，如蕙兰、秀兰、雅兰、翠兰、芝兰等。

自然，植物在文学作品中也有不那么美观的，想来想去，最毒辣的要数 "葵花宝典"。那总是向太阳的葵花，不知为什么用在这里。毒是够毒的，但的确有教育意义，即别总幻想着练神功、称霸世界。

同是一种植物，由于人物不同、心境不同，表现出来也不一样。同样是写梅，有人写："东风吹梅畏落尽，贱妾为此敛蛾眉。"（梁简文帝萧纲《梅花赋》）又有人写："涧梅寒正发，莫信笛中吹。秦艳雪凝树，清香风满枝。"（许浑《看早梅》） 而陆游笔下则是"零落成泥碾作尘，只有香如故"。姜夔的《暗香》则是这样的："旧时月色，算几番照我，梅边吹笛？唤起玉人，不管清寒与攀摘。何逊而今渐老，都忘却、春风词笔。但怪得、竹外疏花，香冷入瑶席。江国，正寂寂。叹寄与路遥，夜雪初积。翠尊易泣，红萼无言耿相忆。长记曾携手处，千树压、西湖寒碧。又片片、吹尽也，几时见得？" 姜夔以梅花为线索，叙述了与美人相依相别的情感起伏。专家评论说，词之赋梅，此一《暗香》，前无古人，后无来者，自立新意，真为绝唱。

美人与花草，常是互指或者相伴的。过去私塾中要念"潘妃步朵朵莲花，小蛮腰纤纤杨柳"。[①] 现代作家何为也有"佳茗似佳人"的说法。

杜甫《佳人》道："绝代有佳人，幽居在空谷。自云良家子，零落依草木。…… 天寒翠袖薄，日暮倚修竹。"

《红楼梦》中有绛珠草，它就是林姑娘的"前身"。第一回便交代："西方灵河岸上三生石畔，有绛珠草一株，时有赤瑕宫神瑛侍者，日以甘露灌溉，这绛珠草始得久延岁月。后来既受天地精华，复得雨露滋养，遂得脱却草胎本质，得换人形，仅修成个女体，终日游于离恨天外，饥则食

---

① 见《幼学琼林》之"女子"。类似的还有"兰蕙质，柳絮才，皆女人之美誉；冰雪心，柏舟操，悉孀妇之清声"。

▲ 红姑娘（*Physalis alkekengi* var. *franchetii*），也叫酸浆。茄科

▲ 红姑娘。是否对得起"洛神珠"这一美名？

蜜青果为膳，渴则饮灌愁海水为汤。只因尚未酬报灌溉之德，故其五内便郁结着一段缠绵不尽之意。" 第五回又提到"绛珠妹子"。据周汝昌《红楼小讲》[①]，曹雪芹说的绛珠草实指苦蒇（音"真"），也叫苦苏。据《尔雅》，指寒浆草，即酸浆草。这种植物的果实还有一个有趣的名字"洛神珠"。据说这美名竟然是长安儿童起的！周汝昌先生时常感叹那时长安儿童文化水平了不起。

那么酸浆究竟什么模样呢？酸浆又叫红灯笼、红姑娘、天泡草、姑娘草、豆瓣儿，在东北差不多人人都认识且吃过这种植物。它是茄科植物的一种。成熟之前它为绿色，味苦，成熟后为鲜红色，味甜。

我读小学时，班上的小姑娘口中常咬着一种挤出了籽的绿"姑娘"，即未成熟的酸浆果，"咕咕"地响，声音乐耳。咬之前要挤出外皮内的籽儿，这活儿需要格外细心。首先要选那种个大皮厚的。要领是用针在蒂儿处来回扎，扎出直径1—2毫米的小洞，用针把里面的籽儿及絮状物一点一点地挑出来，得到一只开有小孔的小绿泡。如果技术不过关，小孔周围

---

① 周汝昌：《红楼小讲》，北京出版社，2002年，第219—221页。

开裂，咬不了几下，小球就会裂开。另外，一定要用清水冲一下，为了清洁，也为了减少苦味。之后就可以放到口中"咬"，小绿球中的空气外流，就发出好听的声响。用舌头舔住小球，调整进气口，用小力吸气，再使气体充满小球，再咬。如此往复。"咬姑娘"是村里小姑娘的一种时尚。也有少数男孩儿玩儿这东西。我只会去籽的活计，技术得算一流，却始终没学会"咬姑娘"，即咬不出响儿。

小说家端木蕻良专门写过一篇一千多字的《红姑娘》，说的就是酸浆。他说，"红姑娘是孩子们爱吃的浆果"。他讲的经历我们东北人可能都有过。

《红楼梦》群芳差不多都能与一种或几种植物对应起来。①林黛玉除了与绛珠草关联外，还与木芙蓉联系着。第63回"寿怡红群芳开夜宴"中她掣骰子占花名儿，签上题"风露清愁"，附句旧诗"莫怨东风当自嗟"。她抽到的是一枝芙蓉，实指木芙蓉。

薛宝钗抽到了牡丹签，"艳冠群芳"，唐诗云"任是无情也动人"。李纨则与梅花对应，"霜晓寒姿"，诗云"竹篱茅舍自甘心"。这与李纨的性格是相称的。

香菱对应并蒂花；袭人对应桃花；史湘云对应海棠；贾探春对应杏花；妙玉对应梨花；王熙凤对应罂粟花；紫鹃对应杜鹃；贾元春对应昙花；尤二姐对应樱花；尤三姐对应虞美人；巧姐对应牵牛花；迎春对应迎春花；贾惜春对应曼陀罗；晴雯对应莲花；龄官儿对应蔷薇；鸳鸯对应女贞；薛宝琴对应芍药；平儿对应凤仙花；邢岫烟对应兰花；小红对应含笑花；司棋对应朱顶红；芳官对应野玫瑰；娇杏对应凌霄花；秦可卿对应仙客来；蕙香对应夫妻蕙。

金钏对应水仙。金钏是王夫人的一个丫鬟，姓白，只因与宝玉有那

---

① 依据第63回，有几位可以直接定出与花的对应关系，其他的则需要综合红楼梦全书概括出一种对应关系。以下对应主要参照了陈诏文、戴敦邦画：《红楼梦群芳图谱》，天津杨柳青画社，1987年。

◀ 牡丹，芍药科（原毛茛科）

▶ 牵牛，喇叭花。旋花科

◀ 虞美人，罂粟科。可对比第二章林奈的标本

▲ 曼陀罗，茄科

▲ 水仙，石蒜科

▲ 莲，荷花，芙蓉。睡莲科

么几句如今司空见惯并被视为时尚的打情骂俏，便被主人打了一巴掌赶回家，无脸见人。本是宝玉没事找事，金钏却含羞忍辱，竟至投井自尽。宝玉还算讲点人情，在第43回中与茗烟一同偷偷到水仙庵去烧香祭奠，权作纪念金钏了。宝玉本不信野史、鬼神，平素最讨厌水仙庵，也知道"洛神"是曹植的谎话。但"今儿却合我的心事，故借他一用"。

麝月则对应荼蘼（也作"酴醾"，音"图迷"。一种落叶小灌木，花白色）。这种花一开，表明"三春过后诸芳尽"。曹雪芹埋下伏笔，预示大观园良辰美景要过去了。宝玉先看了这签，忙藏将起来，说："咱们且喝酒。"麝月是袭人的接班人，也是宝玉身边最后一个侍婢。

曹雪芹算得是一位博物学家，他对器物、草木懂得极多。第5回的《虚花悟》一首就写到了桃、柳、杏、杨、枫等。第51回有一药方，涉及植物紫苏、桔梗、防风、荆芥、枳实、麻黄、当归、陈皮、白芍等。宝玉还知道对女孩家，这枳实、麻黄是经不住的，而要用当归、陈皮、白芍。

值得注意的是，"美人"并非专指女性的"美女"，曾经也指"美男"。《离骚》中"惟草木之零落兮，恐美人之迟暮"的美人就是指屈原自己。扯得远一些，在动物中，常是雄性更美一些。如山鸡、孔雀等。在人类社会中，女性更注重打扮，人们也更欣赏她们的这种行为。这些角色定位并非天经地义、逻辑上必然的，而是可以改变的。人生活在社会中，"性别"（gender）、"美人"的社会建构性显得十分突出。

婉约词自然少不了花草树木。我还注意到，非但"一阶"作品常提植物，文论、诗论之类"二阶"作品也常提植物。司空图的《诗品》频用佳句描写植物与场景，妙不可言，例如：

纤秾

采采流水，蓬蓬远春。
窈窕深谷，时见美人。

碧桃满树，风日水滨。

柳阴路曲，流莺比邻。

典雅

玉壶买春，赏雨茅屋。

坐中佳士，左右修竹。

白云初晴，幽鸟相逐。

眠琴绿阴，上有飞瀑。

落花无言，人淡如菊。

又如："幽人空山，过雨采蘋。""青春鹦鹉，杨柳楼台。""娟娟群松，下有漪流。晴雪满竹，隔溪渔舟。"

我在想，《二十四诗品》中如果去掉所有植物，那么80%的内容都不见了，意境更是全无。

在古代，人与自然、人与植物是和谐统一的，这是我们古代文化一个重要特点。那时的知识分子懂得这种美，能够欣赏它。现在我们却喜欢起了水泥"蝈蝈儿笼"。或者不是真喜欢，而是无奈。生活质量提高了，但也失去了人与自然交融的美感。

日本文艺作品中大量讨论植物。但我不识日文，无法欣赏了。我所了解的日本花草植物，是中学课本提到过日本的樱花，到北京后还多次自己看过植于玉渊潭的大片樱花（日本友人送的），确实有姿色。

"菊"原为日本皇室族徽，"刀"是武家文化的象征。人类学家本尼迪克特（Ruth Benedict）1946年出版过一部《菊与刀》，从中可窥见日本人性格的一些侧面。这位人类学家以菊和刀两者象征日本人的矛盾性格，即日本文化的双重性：爱美而又黩武，尚礼而又好斗，喜新而又顽固，服从而又不驯等。书中详细描写了日本人视"情义"重于"忠诚"和"正义"，"报答情义"就如同美国人"借债还账"一样等等。本尼迪克特当初（1944年）是受美国政府委托而从事此项研究的，她得出的结论是：日本政府会投降，但美国不能直接统治日本，要保存并利用日本现有的行政机构。二战后美国的对日政策与此书的意见基本一致。现在这部《菊与刀》已经成了"日本学"的名著之一。

我还在网上读到碧声的《源氏物语花草·抚子》，说瞿麦花在日文中用"抚子"指代。日文中有"大和抚子"，指纯洁美好的女性。碧声说，"抚子"总让人觉得是温柔、亲切、纯净、娇弱的被父母爱怜着的孩子形象，而且此想法与《源氏物语》的说法有相合之处。抚子是日本文学中的"秋之七草"之一。秋之七草的说法首见于《万叶集》中山上忆良的《秋之七草歌》，分别指葛花、瞿麦、兰草、牵牛花等。在《万叶集》中，抚子多被称为石竹或瞿麦。

既然扯起了石竹，也就多添几句。

上学前我就认识东北野生的石竹，知道那是一种药材。几年前回东北，我父亲带我采了一把石竹籽。老家房后种了几行石竹，刚好赶上种子

▼ 日本樱花，蔷薇科

▼ 菊花，秋菊。菊科

成熟。虽然北京山上也有，但多是零星生长的，不似东北那么成簇，采收种子较困难。

　　大约在夏季的8月，我把石竹种子种在一只花盆中，不久长出一片小苗，又生出了肉质根。间去多数，留下十多棵。春节时就已经开花了，颜色深红到浅粉，形态也略有变化，瓣却一律是五个。花期很长，连续不断，一直开了数月。到了第二年春夏之季，第一批种子已经成熟。采收后送与朋友若干。这已经是野生种的第二代了，原来是父亲在长白山上采收的，在东北种过一次，北京又种了一次。

　　我又把新的种子播下一小部分，数月后也开了花，而且竟然有两朵是六个瓣的。阳台种养野生石竹实在容易，要比养其他花草省事得多。但回报却不少，无论叶、茎还是花，石竹都不会令人失望。康乃馨是在石竹的基础上培育的切花品种，花自然是大了、多了，但显得过分温馨，少了一丝灵气和野性。"家花不如野花香"，用在这里倒是贴切。

　　是不是种的次数多了，这石竹会变异，也会退化，变得顺从人类，从而失去其天性？想到这，我不再接着种石竹了。

　　周作人说："要看树木花草也不必一定种在自己家里，关起门来独赏，让它们在野外路旁，或是在人家粉墙之内也并不妨，只要我偶然经过时能够看见两三眼，也就觉得欣然，很是满足的了。"①

---

① 周作人：《两株树》，载《周作人散文选集》，百花文艺出版社，2000年第2版，第197页。《两株树》最初发表于1931年3月10日《青年界》。

► 瞿麦，石竹科

▼ 石竹，石竹科。正常者花有五个瓣

▼ 石竹。花一般有五个瓣，但我种植的一株花竟然长出六个瓣，颜色也较其他的深许多。此为野生种种植的第二代

第七章

植物伦理：
从红豆杉说起

北京又在砍树了。一扩路，就砍树。这几乎成了北京道路建设的模式。

——刘方炜：《树的灵魂》①

在土地为我们提供生计这个事实和土地就是为此而存在的推论之间，存在着一个根本性的区别。

——利奥波德：《沙乡年鉴》②

---

①参见《批评家茶座》第一辑第一期，山东人民出版社，2003年，第132页。

②利奥波德：《沙乡年鉴》，吉林人民出版社，1997年，第216页。

人们总是从与自己关系的远近来判别事物的利害。在中国，"家"是一个基本分界线，一般分"家里"和"家外"，推而广之有朋友和非朋友，认识的人与非认识的人。如排队买票或者吃饭，中国人的远近关系就表现得到十分明显。如果张三认识李四，张三就可以心安理得地插在李四那里，全然不顾他人。乘地铁抢座、到图书馆占座，情况类似。

近代伦理考虑的范围要大得多，但通常仍然限于"同类人"。

利奥波德（Aldo Leopold，1887—1948）在《土地伦理》一文中讲过一个故事：奥德赛（Odyssy）返回家时用绳子绞死了一打女奴，因为他怀疑女奴有不轨行为。他的做法是否正确并不会引起质疑，"因为那时女奴不过是一种财产，而财产的处置在当时与现在一样，只是一个划算不划算的问题，无所谓正确与否"。在那时，女奴不算"人"，奥德赛的妻子属于"人"的范围，于是杀死女奴并不违反道德。这个故事是明晰的，有说服力的。后来有类似的努力，如黑人民权运动，因为"黑人"曾经不算作"人"。马丁·路德·金（Martin Luther King，1929—1968）的"梦"就是想把黑人变成人的一部分，使之成为人类共同体（community）的一组分，享受人的伦理和权利。

随着社会的演化，伦理学讨论的范围有了质的飞跃，试图超出人类而达于外物。

首先是一般的动物，它们被包含在类似于人类的"共同体"内。伦理主体的扩张，是一个远非论证清楚的观念，但却体现了人类思想的超越性，它绝对是一种值得关注的、并将产生伟大影响的思想。

伦理是否可以像利奥波德、斯耐德（Gary Snyder，1930— ）等人所做的要扩大到人之外的动物、植物及土地？普利策奖得主、著名诗人斯耐德曾说，植物和动物也是"民"，在人类的政治讨论中它们应有一席之地和说话的资格。难道这不荒唐吗？这不是"万物有灵论"的翻版吗？世上有谁能够清楚地论证植物何以具有伦理地位？

这涉及许多复杂的哲学和伦理学问题，我们还是先看一个具体的实例再作说明。

植物的"有用"与处置

《道德经》七十六章说"木强则兵"。高亨对此的解释为"木强则被人砍伐，不能久存"。

《庄子》外篇《山木》记述："庄子行于山中，见大木，枝叶盛茂，伐木者止其旁而不取也。问其故，曰无所可用。庄子曰：此木以不材得终其天年夫！"

老庄哲学本有内在联系，但区别还是明显的。老子更强调居下守雌，庄子则灵活一些，不单纯强调取上或者取下，只是顺应自然、与时俱化。以上谈到树木的命运，结果是相对的。前者由于强盛、有用而折命，后者因过于强盛而用不上，反而得以保命。《山木》接下去讲两只雁，一只会叫一只不会叫，主人款待客人时命竖子杀了不会叫的。

山木以"不材"得终其天年，此回大雁以"不材"而死。弟子搞不懂，就问庄子："先生将何处？"庄子答得颇玄："周将处乎材与不材之间。"其实不并玄，庄子认为原来设定的逻辑可能性本身就是陷阱，他的答案本来就可能位于那些设定的可能性之外。

老庄无非拿寓言说事，即编故事讲道理。在老庄眼中，人之外的树木，仍然没有独立自存的价值，"有材"与"无材"仍然需由人来确定。树木之该死该活，都是由人偶然决定的，因为是人赋予它们"有材"或者"无材"的属性。

中国云南红豆杉可谓"怀才罹罪"，大难临头。

近些年，有一种名叫红豆杉的植物因其"有材"引起人们的广泛注意。它属于红豆杉科，裸子植物门十多个科中的一科，又称紫杉，是世界濒危树种。1971年美国一位化学家从红豆杉（*Taxus breuifilia*）树皮中分离出高抗癌活性紫杉烷二萜（音"贴"）化合物"紫杉醇"，发现其具有独特的抗肿瘤作用。据说紫杉醇对治疗多种癌症有显著疗效，"特别是对晚期卵巢癌和转移性乳腺癌治愈率达33%，总有效率达75%以上"。美国食品与药物管理局（FDA）于1992年正式批准紫杉醇用于临床。据估计，世界每年紫杉醇需求量4000千克左右，但全世界紫杉醇的产量仅约250千克，供求关系严重失衡。原因是天然红豆杉很少，人工栽培的还没长大。

据《人民日报》2001年10月17日第5版，2000年全球紫杉醇针剂的销售额达20多亿美元，国际市场上优质紫杉醇的售价已高达每千克18万美元。

需求拉动供给，中国云南天然红豆杉林遭了殃，虽然红豆杉是中国国家一级保护植物。仅在怒江州境内，就有五家加工红豆杉树皮的企业。据《南方周末》记者调查，1993年，民营企业云南汉德公司成立，其主要业务是从红豆杉中提取紫杉醇。1995年，汉德公司依靠中科院昆明植物研究所的技术，建成了中国最大的年生产能力50千克的紫杉醇及其系列产品生产线。1999年2月，该厂的产品还通过了美国FDA认证。汉德公司的紫杉醇年出口量为20—30千克（1千克紫杉醇需用树皮15—30吨）。2000年年底该公司与美国签订了价值6亿多元的供货合同。在广东、广西、陕西、四川、上海、海南都有加工、经营紫杉醇的工厂、公司。这样，从1994年到1996年，在红豆杉分布最多、最集中的云南，红豆杉遭受了第一轮浩劫。

据《南方周末》报道，2000年6月，丽江市普米族农民张春山看到家乡的红豆杉惨遭破坏，便开始调查丽江周边的红豆杉被剥皮情况。他跑了两个多月、近千公里路，被红豆杉的惨况所震惊，愤而投书昆明的媒体。但文章见报了，并没有起到多大作用。2001年5月，"他又再次跋山涉水，调查红豆杉受损情况，发现情况比去年更糟，再不制止，不出两年，红豆杉在云南就要灭绝了，焦急不已的他，又是请报社记者，又是上书国务院，终于引起了云南省的重视"。

2001年10月18日《南方周末》曾民、张林报道，云南大片的红豆杉被

剥皮卖钱了，记者目睹了一棵生长了数千年之久、胸径达2.6米的"红豆
杉王"被剥了皮，"只因为它的树皮能提取世界上最昂贵的抗癌物质——
紫杉醇。当地农民刘文平在今年7月份花了四天时间才把它剥完，获利
四五百元"。

"在这棵红豆杉王的附近，还有五六棵树龄上百年的红豆杉，它们
也没能逃脱毁灭的命运，皮被剥光，树被连根砍倒，裸露的树干鲜红鲜红
的，像遮天蔽日的原始森林在泣血。"

据说，仅两年时间，云龙县被剥的红豆杉不下万棵。

在云南丽江，红豆杉被剥皮的现象更为严重。在丽江许多乡镇上演了
一场可怕的"剥红豆杉树皮大战"。记者说，有些林区剥树皮的人多达上
千人，深山密林里到处可见拉树皮的马帮和拖拉机。

记者在几天调查中，只见到几棵50多厘米高的活着的红豆杉幼苗，却
见到了数百棵被剥皮、似乎流着血的红豆杉树干。

与其他行业一样，冲在第一线的一定是下层人。直接剥树皮的，是些
穷人，赚的也只是小钱。

田松为写博士论文曾在云南丽江达三月余，对红豆杉事件深有感触，
在最终的博士论文中还以此为案例讨论了"署"与森林保护等问题。

人们看到了红豆杉的功用，而这成了红豆杉殒命的原因。以土地伦
理、自然伦理角度论，天然生长的红豆杉生来并非只图今人为之剥皮。
"署"曾经不自觉地监管着当地人对林木的使用，但随着"署"观念的淡
化，不再有任何障碍阻止人们为所欲为。原则上考虑植物的功用，不能算
错。问题是考虑的时空尺度有多大，能否做到可持续使用和发展。

我到云南两次，一直想亲自看一下自然生长的红豆杉林，却未能
如愿。在丽江玉龙雪山云杉坪，倒是见到许多美丽挺拔的云杉（*Picea
likiangensis*，松科，不是杉科），我禁不住诱惑，还上前缓慢抚摩了它的
树干，细致观察了折倒的轮状树根（与长白山山上大树一样，树虽大，但
经不起大风吹袭）。我发现云杉坪土层很薄，约10—20厘米厚，下面多是

▲ 云南丽江云杉坪三株倒下的云杉。这里土层很薄，约10—20厘米厚

▼ 东北红豆杉的一个变种矮紫杉。红豆杉一般指裸子植物门中红豆杉科中的紫杉属植物

灰白色的砾石，有点像北京修马路时先放下的渣土。可以想见，那里地表植被一旦被破坏，短期想恢复几乎是不可能的。参天大树在这样的地方长大，需要漫长的时间。我们始终不见红豆杉的影子，问过当地牵马的村民，说是我们所到的高度还不够，不可能见到红豆杉。回昆明，在世博园终于看到了红豆杉，却是矮矮的，与北京所见差别不大。

我国是裸子植物大国，苏铁、银杏、松、杉、柏、红豆杉等各科样样都有，种类繁多。红豆杉科红豆杉属就有：红豆杉（*Taxus wallichiana* var. *chinensis*）、南方红豆杉（*Taxus wallichiana* var. *mairei*）、东北红豆杉（*Taxus cuspidata*）、云南红豆杉（*Taxus yunnanensis*）、灰岩红豆杉（*Taxus calcicola*）、密叶红豆杉（*Taxus contorta*）。

▲ 红豆杉红色肉质杯状假种皮中有一粒种子

▲ 南方红豆杉（*Taxus wallichiana* var. *mairei*），也叫美丽红豆杉，是西藏红豆杉的一
个变种。摄于杭州植物园

　　在东北和华北能见到东北红豆杉，北京国家植物园有其栽培变种矮紫
杉（*Taxus cuspidata* 'Nana'）。东北红豆杉为常绿乔木，叶呈不规则状按两
列着生，与枝成45度角斜展，叶条形，长1.5—2.5厘米。宽0.2—0.3厘米。
雌雄异株。球花单生叶腋。种子为卵圆形，生于鲜红细嫩的肉质杯状假种
皮内，长约0.5—0.7厘米。

　　红豆杉上的红豆像仙果一般，细嫩晶莹。鲜红的果杯与着生的翠绿羽
页以互补色交相映衬，分外妖娆。

　　从长远看，解决供需矛盾，需要大力人工栽培红豆杉。据云南林业厅
2002年7月的消息，云南省已经有人工种植的红豆杉幼林约1.07平方千米，
13万多株。全省已有红豆杉苗圃面积0.096平方千米，育苗株数1036万株。
全部为1990年以后种植的，胸径均在5厘米以下，尚无蓄积量。

　　如果20世纪八九十年代或者更早些时候，就注意红豆杉的市场需求，

▲ 杨柳科毛白杨的"眼睛"

严格保护红豆杉，早早栽培，也不至于让活了几千年的野生红豆杉被活活剥皮，酿成无法挽回的损失。

说到底，谁对天然林具有处置权？是人吗？什么样的人？根据什么？"我有科学我怕谁，用科学能够解决一切现存的以及将要出现的问题。""我们战天斗地，我们豪情万丈，我们天不怕地不怕。""我们是最高等的有理性的动物，是万物之上帝。""万物于我有用，我便赋予其价值。大用则大的价值，小用则小的价值。"但是，按唯物主义的讲法，万物独立自存，自有其存在根据，相当多的动植物"比我们先到"。其实，我们只是一个普通的物种，与昆虫世界相比，就物种个数而言，我们不过是1:1000000的关系。生物多样性是保证地球生命持续生存的必要条件，即使为了我们自己，我们也要手下留情，让其他物种能够好好地生存，让生命赖以存活的环境更美好一点。

讲一则小故事。2002年9月10日我到北京嘉里中心修数码相机，因走错了路意外见到一株美丽的植物。在建国门出地铁站北行，经过华润大厦和浦发银行，见一株挂满果实的海州常山，红红的萼片托着亮闪闪的粒状黑实，吸引我停下前去观察。举相机欲拍摄，被门前警卫拦住。说楼前禁止拍摄。可能是担心我为将来抢劫银行先行"踩点"，又恰逢"9.11"前夕。当说明只是为植物拍照时，他默许了。见我翻来覆去拍摄，警卫也凑上前观察，没觉察那植物有什么特别之处，便问："这有什么好拍的，它有什么用，能吃吗？"我回答："不能吃。"这位十八九岁的小伙子不假思索地抛出一句："那有屁用。"也好，如果大家都觉得它没用，至少就不会滥用它。

说到这里，不得不提西双版纳傣族人的智慧。到版纳旅游会见到遍地的"埋细列"，特别是在傣家村落、竹楼旁边和马路两旁。"埋细列"是指一种豆科决明属乔木铁刀木（*Senna siamea*），因树心是黑色而得俗名"黑心树"。黑心树抗旱、不择土壤、生长迅速，萌发力极强，还可用种子培育幼苗，栽培方便。一株黑心树幼苗，只需四年时间便能长到手腕粗。历史上傣家人学会了使用人工营造的用材林，竹楼前常栽种此树，主要当薪材用。特别之处在于，傣家人每次并非连根砍掉树木，而是留出一米到两米的树桩，让黑心树不久再次发出更多的新枝，以后再砍新枝用。这样，这些树可以连续为傣家服务几十年。此做法既实际又绿化环境，还保护了天然林，真正是"可持续发展"（可见可持续发展观念不全是外来的，我们本来也有一些，只是没有宣传开来），十分科学，也有人文内涵，值得大家学习。

末了，还有一则好消息： 2002年福建省福清市一都镇发现千亩南方红豆杉林。它们是在一都镇海拔700米以上的高山密林中被发现的。成材林达1500多株，树龄基本在100年以上，其中最大一株胸径达63厘米。如果保护不好，这同样会变成一则坏的信息。

植物伦理：在论证与信念之间

红豆杉的故事可以得出什么教训？一种容易理解的解读是，人类不可过分短视。为了自己和我们的子孙后代，我们应当保护植物资源，不可为了一时的小利，而损害了长远利益。这种基于功利主义的伦理解释，直到目前仍然流行，它是有道理的。

利他行为普遍存在着，虽然有人试图用功利性来解说利他行为，但我很怀疑这种还原是否是必要的和可行的。母爱是一例，母亲爱儿女，虽也有功利因素，如望子成龙从而改变家庭境遇，但如果把这种深沉的爱全部还原为一种功利关系，便是对人性的一种亵渎。

人类利用植物，红豆杉是其一例。我们没必要反对这种利用，利奥波德甚至不反对打猎。但是，另外一个事实是，植物、动物并非因人而存在、为人而存在，从进化的角度看，人是相当晚近才出现的物种。仿照利奥波德，我们可以指出，在植物为我们提供生计这个事实和植物就是为此而存在的推论之间，存在着一个根本性的区别。

当我们有决心扩大伦理主体，把自然界中的土地、植物、动物都视为与人类相似的伦理主体时，我们会进入一种全新的境界。利奥波德1947年说："只有当人们在土壤、水、植物和动物都同为一成员的共同体中，承担起一个公民角色的时候，保护主义才会成为可能。"

刚才提到的"一级"教训是，人类要懂得"保护"资源的重要性。但如利奥波德所言，"保护"并不是很容易实现的，就算为了保护，也得有更进一步的要求，即人类完成一次超越，把他物纳入伦理视野。这里面有一系列难题：

（1）扩展伦理主体是必要的吗？即如何论证环境伦理的正当性？

（2）非人类主体如何行使权利？

（3）伦理扩展意味着什么？

（4）环境伦理学的"说明模式"是否可以还原为某种功利主义的"科学说明"？

（5）坚持环境伦理准则，是否要以某种宗教为依托？

这些问题都无法确切回答，但可以尝试写出注解。

第一个问题，从历史上看，伦理主体的确在不断扩展，纳什（R.F. Nash）的《大自然的权利：环境伦理学史》一书的导论中用图表极好地展示了此扩展过程。在V字形伦理观念演化图中，V下部的尖端是"自我"，往上依次是：家庭、部落、地区、国家、种族、人类、动物、植物、生命、岩石、生态宇宙、星球、宇宙。我们能轻松在其间划出界线，但是没有人能阻止伦理的边界向外扩展。

单调扩展是一个不争的事实。此事实与它是否得到有效辩护是两个问题。首先这个事实必须尊重，其次其合理性在一定程度上是可以部分辩护的，持有那样一种观点或者信念是有一定理由的。纳什作为一位思想家，记录了环境伦理的种种探索，作者个人的观点被放在一旁，他"并不提倡扩张伦理学的范围使之包括自然界"。但是，纳什的叙述本身明确传达了一个信号，环境伦理的思想是可贵的、有价值的，在历史上已经产生了影响，并且将来将产生更大的有益于人类社会的影响。

纳什还说："我将不怎么关心一个伦理学观点在政治上是否合适、在哲学上是否正确或在科学上是否有据，而是着眼于它的产生，着眼于它产生的背景以及它对后来的思想和行为的影响。例如，关于上帝创世的《圣经》解释和关于地球是平的两种观念，已被广为驳斥，但它们对思想史家来说仍然很重要。总之，重要的不是一个观念的得与失，而是它在历史上是如何发生影响的。"顺此思路，我想说的是，植物伦理地位的考察虽然政治上不是必然正确的，哲学论证上也不一定是通顺、明确的，但我依然确信，它是一个伟大的思想。我们可以就植物伦理给出一定的辩护，如用自然的"平衡"概念，演绎地推导出现在的思想，但是这条进路只能有限度地进行。这并不是环境伦理或者植物伦理自己遇上的独特问题，其他事务也碰到过同样的不完全辩护的问题，如科学知识的可靠性。辩护也总是有限度地进行，到了一定程度就会出现循环，除非抬出上帝，否则辩护是没有尽头的。

有人在提倡保护环境时，常说"我们只有一个地球"，但这是一种表层的理解，一种功利化的理解。如果我们有两个地球呢？我们是否就可以不保护地球、就可以随便破坏呢？我们如果有无数植物可以利用，是否就可以任意处置植物呢？回答是多样的。有人回答说，当资源不太多时，仍然要保护，当资源很多时就不必了。但是另有人回答说，在任何情况下，都要保护地球，都要爱护植物。这是两种不同的世界观、伦理观，它们有重叠的部分，但也有不同的部分。完成观念上从人类伦理到自然伦理的超越是相当困难的，即使观念上我们已经认可了，操作上仍然是一个相当复杂而长期的过程，可能是一种无限的过程。重要的是，不以善小而不为，不因为是无限过程而放弃时时不倦的努力追求。

第二个问题并不像想象的那么困难。自然的"报复"就是对不恪守伦理承诺的一种响应。但是，我们通常只是在出现了环境问题时，在森林被破坏而引起洪灾时才觉察到植物作为伦理主体的存在，当一切显得正常

时，我们并不觉察到它们事实上还在履行伦理职责。用科学知识社会学
（SSK）的话讲，我们习惯于当出了差错时才看到因果关系，当事情正常
运作时仿佛因果关系不存在，其实无论何时因果关系都在起作用。要做的
只是转变我们的观念，把植物等"想象"成真正的主体，这"想象"一定
程度上是构造的，一定程度上又确实是真实的。

第三个问题，伦理扩展意味着人类的进步，代表着人类心灵的超越
能力突破了传统的束缚。伦理是对个体行动自由的某种约束，又是对群体
行动自由的某种保障，人、动物、植物、土地等等一旦组成"契约"共同
体，便都要肩负起主体应尽的义务，行动上都要面对一定约束，这不仅仅
对人而言如此，对他物也一样。我们尊重动物、植物等，并非无条件的，
正如我尊重他人并非无条件的一样。当他人的行为违反伦理规则，人们有
权利出面反对，甚至不惜发生战斗。当一种植物疯长而破坏环境时，如豚
草、凤眼莲（即水葫芦）和野葛[①]，人们有权利对其采取制裁措施。

第四个问题是说，环境伦理是否能够还原为原来的人类伦理。我想
原则上是可以部分还原的，但不大可能彻底还原，因为这种扩展是一种真
正的发展，是一种"突现"，还原只能相对地做到。这正如日常语言中有
许多目的论的描述，它们可以一定程度上还原为因果说明，但不可能全部
做到。日常语言使用目的论术语不但是为了方便，也表明人是有目的的动
物，人的意识能够调整人的行为。同样，环境伦理有相当成分是可以与传
统人类伦理衔接的，但可能有些成分是特有的。但是这样一来，它说明了
什么？人怎么可能超越自身而创造出比人还高的主体？这其实可以最简单
地作答：看看各种宗教吧。

于是遇到了第五个难题：环境伦理是否一定与宗教联系在一起？的确
有许多环境伦理与宗教有联系，但不能说必然与宗教联系在一起。可以设想

[①] 防治水葫芦的好办法是生物防治。从美国和阿根廷引进的一种水葫芦象甲昆虫，
专门以水葫芦为食，不危害其他生物，可用它及筛选的除草剂对付水葫芦。中国农业
科学院对此已经进行了多年研究。

非宗教的环境伦理。人们尊重他人，并非出于他人神圣，人们尊重植物，也可以并不视植物为神圣。如果并非基于某个神圣主体，没有了敬畏，环境伦理如何是可能的？在现实中又是如何具体体现出对其他主体的尊重的？

事实上有一种简便的说明：人们可以通过"报答"的方式，时刻提醒自己其他主体的重要性和任何时刻、任何地方的"在场"。人们使用自然物，利用植物，是可以做的，但要记住这份"情义"，在适当的时刻报答这份情义。一个有道德的人不应当为情义所困，不能让情义的"债务"积累到使自己背上"背信弃义"的恶名。这情义在主体与主体交往的过程中即刻产生，知恩不报非君子。一点点情义是可以不必立即报答的，这正符合人们通常可以放心地利用自然。但是要记住，这情义是可以累积的，当情义累积到一定程度，当事人就应当想办法去偿还情义，如果不这样做他便应当有负罪感，就应当受到人们的嘲讽和蔑视。具体例子是，人们可以砍树筑屋，但要注意植树造林；路边的野花可以采，但不要危害野花的生存；红豆杉不是不可以用于制药，但是灭绝式的利用将会使人们欠下难以偿还的情义，人们必将为此而受到自然的惩罚。

如何把握"度"呢，什么样的利用是被允许的、可接受的？其实这是一个灵活掌握的问题，重要的是通过"内省"，努力通过自己的学识，用心把握。良心、情义从来不可以完全量化，但是人人心中有杆"秤"。用我们每个人内心的天平，是可以称出"度"来的，如果做不到，是因为自己还不曾用心。

如果以上短短的文字无法说服你接受环境伦理的想法，也请你注意，伟大的智慧很少得到明确的逻辑论证，我相信不远的将来，学者们会就环境伦理诸问题给出更有说服力的论证。但是此时，这真理就在那里，具有直接现实性，可以直观到，就如A=A一样，就如1+1=2一样。我们能够洞悉那是真理，但要论证A为什么等于A，1+1为什么等于2，却是困难的，要绕弯子才能说清楚的。我们能够直接面对事物的本来面目，论证是第二性的。正如美国托马斯·杰斐逊（Thomas Jefferson，1743—1826）在美国《独立宣言》中所说的"我们认为这些真理是不言而喻的"。在那个时代，人人平等是"不证自明的"，即"self-evident"，但那时所说的"人"不包括"奴隶"，现在人们可以明确地说所有人原则上都生而平等。当然，事实上人与人并不是生而平等的。伦理体现的就是"应当"而不是"实际上"。今日我们也可说植物有资格作为伦理主体，这同样是"self-evident"，这同样不意味着现实上它们已经成为主体。

现实：考虑了与没考虑不一样

在20世纪90年代前曾在北京生活过的人，大概对海淀区从白石桥到中关树的一条马路（称白颐路）有深刻的印象。这条路有数排高大的毛白杨，它们确切生长了多少年，我不知道，但少说也有30年。我清楚地记得，杨林下也不是光秃秃的，下面种有紫丁香、紫穗槐和金银忍冬等。左右车道之间有3—8米不等的隔离带，用的也是这些植物，而不是水泥和钢筋。那曾是充满东方智慧的绿化大道。

常听说法国巴黎有某某林荫大道，我没去过，想象那一定很美。白颐路的杨林大道，就是我那时现实中的巴黎某某大道了。

读大学本科4年、研究生6年，这些大树一直陪伴着我们，我们在那散步、骑自行车、乘公共汽车，以及偶然瞧瞧树干上的"眼睛"。现在一闭上眼睛，脑中仍能浮现那挺拔的杨树。树干上的无数双"眼睛"时刻在盯着我们，似乎企盼着我们能够诉说点什么。那"眼睛"成了鬼魂，泪水和着哀怨："杀树像杀人一样，是要受到报应的。"[1]

我本不相信"业报理论"，但在砍树这件事上，我宁愿相信。我也仿佛一下子理解了小时候东北老家的大爷大娘常常说起的报应。老百姓真的

---

[1] 引自刘方炜：《树的灵魂》，载《批评家茶座》，山东人民出版社，2003年1期，第134页。

相信有报应吗？对于弱势群体，可能相信比不相信要好。除此之外，还能说和做些什么呢？

"白颐路"已经不存在了，因为它现在改名"中关村大街"和"中关村南大街"了。

"要致富，快修路。""要修路，先砍树。"对于前者，也许还有一定的道理，至少对于某些地方它或许是对的，而后者就完全没有道理了。但白颐路的扩建，就是这样"血腥"。我清楚地记得北大东门口的粗大杨树在一日之间，全部被伐倒，惨不忍睹。

现在这条路怎么样了呢？路确实宽了些，行车却比以前更困难（毕竟是发展了，人多了，车多了），大树也没了。

我曾偶然读到刘方炜的一篇动情的小文章《树的灵魂》，勾起了我对这些杨树的怀念，我想绝对不只我一个人。20世纪90年代中后期，记得一次在电子邮件中我向远方的友人顺便谈及白颐路杨树被破坏时，友人感慨万分。那友人从来不说脏话的，那次却脱口而出三字国骂！

刘方炜说："北京又在砍树了。一扩路，就砍树。这几乎成了北京道路建设的模式。"

为什么会这样呢？如果决策者多一份爱心，多多考虑一下树木与人类、与一个城市的关系，是不是情况会有所不同呢？我想会的，也只能这样想。

中关村，作为"村"或者"区"，应当有更多的树。中关村应当在白颐路的某个显要位置立块碑，上书"这里曾经是美丽的杨林大道"。

晚上坐出租车回家，老司机也偶然提起在白颐路林荫大道上开车的享受。他只有小学文化，他希望路更畅通，但他说砍树是造孽。他没有在"砍树"和"路更畅通"之间标上必然推论关系，他说完全有别的选择。

他诅咒现在的路更难走，而且没有了树荫。

所以，仿照利奥波德的话，在植物为我们提供生计这个事实和植物就是为此而存在的推论之间，有着一个根本性的区别。

第八章 各科植物鉴赏：数不了万种芬芳

梅标清骨，兰挺幽芳。茶呈雅韵，李谢浓妆。杏娇疏雨，菊傲严霜。水仙冰肌玉骨，牡丹国色天香。玉兰亭亭阶砌，金莲冉冉池塘。芍药芳姿少比，石榴丽质无双。丹桂飘香月窟，芙蓉冷艳寒江。梨花浓浓夜月，桃花灼灼朝阳。山茶花宝珠称贵，蜡梅花罄口芳香。海棠花西府为上，瑞香花金边最良。玫瑰杜鹃，烂如云锦。绣球郁李，点缀风光。说不尽千般花卉，数不了万种芬芳。

——宋秋先：《花名诗》[1]

---

① 引自萧欣桥选注：《宋元明话本小说选》，江西人民出版社，1980 年，第 405 页。

现代社会中许多人都读过初高中，对于中学的教科书知识仍然记得一些。但是植物学不同。我曾无意间了解到（后来并也曾专门问过），相当多本科生、研究生，不晓得起码的植物学知识。能够知道辣椒、茄子、土豆、西红柿等都是茄科的，就不多。知道北方的水果，如梨、苹果、草莓、桃、杏等都是蔷薇科的，也不多。知道植物分类主要观察花果等生殖器官而不是叶的，同样不多。这很少是因为个人不想了解。

多认识一些植物，对百姓日常生活或者理解人类的文化，都有相当的好处。但是，目前的科学传播体制多少制约了植物知识的有效传播。在中国标有植物俗名和拉丁学名的彩色图书很少，百姓自然难以认识更多的植物，近年来情况已经有很大改观。以下照片主要是作者个人积累的部分常见植物的图片，主要选取了东北、华北的种类。

大的顺序是：蕨类植物门，裸子植物门，被子植物门。未收苔藓植物门植物。每部分中，植物按"科"的中文名称发单升序排列。这不反映植物科之间的亲缘关系，但便于读者查找。实际上，中国出版的大量植物志理论上按植物的亲缘关系排列各"科"，但意义不大（因为并不准确，也经常变动。这类志书并不需要在目录中过多考虑植物"科"的亲缘关系），读者使用反而十分麻烦，涉及某一科的植物，读者往往要考虑半天才知道到哪一卷或哪部分中去查（为此还经常编写关于科的排序表），这便失去了工具书的优势。

分类主要参考了《中国植物志》（英文版，*Flora of China*）和《北京植物志》《中国高等植物图鉴》《花卉资源原色图谱》《中国植物志》《中国农业百科全书》《花卉词典》《中国长白山药用植物彩色图志》《彩图多肉花卉观赏与栽培》《高等植物及其多样性》《河北野生资源植物志》《观叶植物》《常用花卉图谱》《中国南方花卉》等。

蕨类植物

凤尾蕨科

▼ 凤尾蕨科团羽铁线蕨（*Adiantum capillus-junosis*），北京昌平虎峪沟

▲ 凤尾蕨科掌叶铁线蕨（*Adiantum pedatum*），吉林松花湖

▲ 凤尾蕨科银粉背蕨（*Aleuritopteris argentea*），北京怀柔

▲ 卷柏科垫状卷柏（*Selaginella pulvinata*），北京鹫峰

▲ 卷柏科蔓出卷柏（*Selaginella davidii*），北京怀柔

▼ 卷柏科旱生卷柏（*Selaginella stauntoniana*），北京怀柔云雾仙谷

▼ 卷柏科中华卷柏（*Selaginella sinensis*），北京百望山

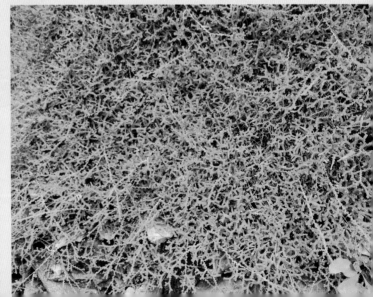

蕨类植物

里白科
冷蕨科
卷柏科

▲ 冷蕨科冷蕨（*Cystopteris fragilis*），北京昌平

▼ 里白科芒萁（*Dicranopteris pedata*），浙江千岛湖凤凰度假村

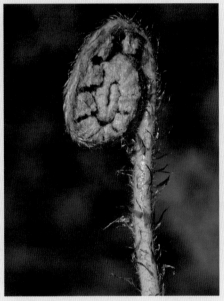

▲ 鳞毛蕨科华北鳞毛蕨（*Dryopteris goeringiana*），吉林松花湖

▲ 鳞毛蕨科粗茎鳞毛蕨（*Dryopteris crassirhizoma*），吉林松花湖

▼ 木贼科问荆（*Eguisetum arvense*）。不育枝，后萌发

▼ 木贼科问荆（*Eguisetum arvense*）。能育枝，先萌发

蕨类植物

鳞毛蕨科
木贼科
铁角蕨科
碗蕨科

▲ 铁角蕨科北京铁角蕨（*Asplenium pekinense*），北京房山

▲ 铁角蕨科对开蕨（*Asplenium komarovii*），吉林临江

▼ 碗蕨科蕨（*Pteridium aquilinum* var. *latiusculum*），北京门头沟

▼ 碗蕨科溪洞碗蕨（*Dennstaedtia wilfordii*），北京延庆

▲ 水龙骨科有柄石韦（*Pyrrosia petiolosa*），北京延庆

▼ 水龙骨科北美多足蕨
（*Polypodium virginianum*），
也叫东北多足蕨。吉林松花湖

▼ 球子蕨科荚果蕨（Matteuccia struthiopteris），
河北崇礼洞沟

蕨类植物

蹄盖蕨科
球子蕨科
水龙骨科

▲ 蹄盖蕨科黑鳞双盖蕨（*Diplazium sibiricum*），也叫黑鳞短肠蕨。北京房山
▼ 蹄盖蕨科东北蹄盖蕨（*Athyrium brevifrons*），也叫猴腿儿。吉林松花湖

▲ 蹄盖蕨科黑鳞双盖蕨（*Diplazium sibiricum*），北京密云
▼ 蹄盖蕨科日本安蕨（*Anisocampium niponicum*），北京怀柔云雾仙谷

▲ 柏科池杉（*Taxodium ascendens*），上海

▲ 柏科圆柏（*Juniperus chinensis*），北京昌平

▼ 柏科龙柏（*Juniperus chinensis* 'Kaizuca'），北京大学

▼ 柏科侧柏（*Platycladus orientalis*），北京昌平

裸子植物

柏科

▲ 柏科杜松（*Juniperus rigida*），叶三枚轮生，叶中间有白色气孔带。北京林业大学

▼ 柏科水杉（*Metasequoia glyptostroboides*），北京大学

▲ 麻黄科单子麻黄（*Ephedra monosperma*），内蒙古太仆寺旗拉玛盖庙
▼ 麻黄科单子麻黄（*Ephedra monosperma*）

裸子植物

红豆杉科
麻黄科

▲ 红豆杉科矮紫杉（*Taxus cuspidata* 'Nana'），北京大学
▼ 红豆杉科粗榧（*Cephalotaxus sinensis*），北京大学

▲ 银杏科银杏（*Ginkgo biloba*），又名
公孙树，白果树

▲ 松科华北落叶松（*Larix principis-rupprechtii*），北京门头沟

▼ 松科油松（*Pinus tabulaeformis*），北京延庆。球果鳞盾具有8/13旋臂

裸子植物

松科

银杏科

▲ 松科白皮松（*Pinus bungeana*），北京大学。球果鳞盾具有5/8旋臂

▲ 松科华山松（*Pinus armandii*），北京大学。球果鳞盾具有5/8旋臂

▼ 松科金钱松（*Pseudolarix amabilis*），浙江宁波百步岗

▼ 松科红松（*Pinus koraiensis*），吉林松花湖

▲ 百合科猪牙花（*Erythronium japonicum*）

▼ 报春花科樱草（*Primula sieboldii*），
吉林临江　　▼ 百合科猪牙花（*Erythronium japonicum*），
吉林抚松

被子植物

百合科
报春花科

▲ 百合科垂花百合（*Lilium cernuum*），
吉林临江

▲ 百合科三花顶冰花（*Gagea triflora*）

▼ 百合科东北百合（*Lilium distichum*），
吉林敦化

▼ 百合科有斑百合（*Lilium concolor* var.
pulchellum），北京延庆

▲ 杜鹃花科红花鹿蹄草（*Pyrola asari-folia* subsp. *incarnata*），河北崇礼

▲ 杜鹃花科云锦杜鹃（*Rhododendron fortunei*），浙江宁波百步岗

▼ 杜鹃花科照山白（*Rhododendron micranthum*），北京延庆

▼ 防己科蝙蝠葛（*Menispermum dauricum*）

被子植物

车前科
唇形科
防己科
杜鹃花科

▲ 唇形科活血丹（*Glechoma longituba*）

▲ 唇形科多裂叶荆芥（*Nepeta multifida*），
河北崇礼

▼ 唇形科串铃草（*Phlomis mongolica*），
河北沽源县九连城

▼ 车前科小车前（*Plantago minuta*），北
京大学

▲ 酢浆草科三角酢浆草（*Oxalis acetosella* subsp.*japonica*），也叫三锄板

▲ 大麻科黑弹树（*Celtis bungeana*）也叫小叶朴，寄生赵氏瘿孔象（北海瘿象）。北京大学

▼ 大麻科黑弹树（*Celtis bungeana*），北京密云云龙涧

▼ 大麻科大麻（*Cannabis sativa*），北京延庆

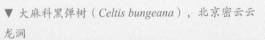

被子植物

豆科
大麻科
酢浆草科

▲ 豆科糙叶黄芪 (*Astragalus scaberrimus*)，北京延庆

▲ 豆科斜茎黄芪 (*Astragalus laxmannii*)，内蒙古察右中旗

▼ 豆科红花锦鸡儿 (*Caragana rosea*)，北京延庆

▼ 豆科陀螺棘豆 (*Oxytropis leptophylla* var. *turbinata*)，内蒙古察右中旗

▲ 胡颓子科牛奶子（*Elaeagnus umbellata*），北京密云云龙涧

▲ 胡桃科枫杨（*Pterocarya stenoptera*），奇数羽状复叶，叶轴具翅。北京大学

▼ 胡桃科麻核桃（*Juglans hopeiensis*），北京怀柔

被子植物

桦木科
胡桃科
胡颓子科

▼ 桦木科白桦（*Betula Platyphylla*），河北崇礼

▼ 桦木科榛（*Corylus heterophylla*），也叫平榛，北京延庆

▲ 虎耳草科多枝金腰（*Chrysosplenium ramosum*）

▲ 虎耳草科大叶子（*Astilboides tabularis*），吉林长白朝鲜族自治县

▼ 虎耳草科斑点虎耳草（*Saxifraga nelsoniana*），辽宁桓仁枫林谷

被子植物
虎耳草科

▲ 虎耳草科独根草（*Oresitrophe rupifraga*），北京昌平

▼ 虎耳草科槭叶草（*Mukdenia rossii*），吉林临江

▲ 夹竹桃科紫花杯冠藤（*Cynanchum purpureum*）

▲ 夹竹桃科牛角瓜（*Calotropis gigantea*），也叫五狗卧花心

▼ 桔梗科轮钟花（*Cyclocodon lancifolius*），也叫长叶轮钟草、红果参

▼ 桔梗科羊乳（*Codonopsis lanceolata*），黑龙江伊春

被子植物

景天科
金鱼藻科
堇菜科
桔梗科
夹竹桃科

▲ 堇菜科紫花地丁（*Viola philippica*）　▲ 堇菜科球果堇菜（*Viola collina*）

▼ 金鱼藻科金鱼藻（*Ceratophyllum demersum*）

▼ 景天科华北八宝（*Hylotelephium tatarinowii*）

▼ 菊科大叶蟹甲草
（*Parasenecio firmus*）

▼ 菊科款冬（*Tussilago farfara*）

▼ 菊科岩风毛菊（*Saussurea komaroviana*）

▼ 菊科岩风毛菊（*Saussurea komaroviana*）

▼ 菊科岩风毛菊（*Saussurea komaroviana*），也叫石生风毛菊，主要分布于朝鲜和中国东北，但《中国植物志》和FOC均没有记录此种。多年生草本，生长于阴湿陡坡和岩缝中，周围有虎耳草科槭叶草、鸢尾科朝鲜鸢尾、毛茛科驴蹄草等。基生叶3—7片，上面绿色下面白色，上面被灰白毛，下面被短棉状毛到毡状毛。基生叶卵圆形、倒披针形，无柄；叶脉似地黄，叶基楔形变窄微下延。茎生叶退化，小三角形。叶缘浅裂，具圆齿或浅波状。茎圆柱形，均匀细长，无翅，长40—70厘米。头状花序3-6枚，在茎上部稀疏排成总状花序，总苞6层。由利普希茨（Sergej Julievitsch Lipschitz，1905—1983）首次发表于*Novosti Sistematiki Vysshikh Rastenii*，1971，8:249。种加词来自科马洛夫（Vladimir L.Komarov，1913—1945）的名字。2017年7月13日，周繇、马全、李克秀与本书作者在临江靠近鸭绿江的一条山沟里看植物时第一次遇到。2018年4月29日，本书作者驾车去再次观察，采集到上一年留下的干燥花序

▼ 菊科大翅蓟（Onopordum acanthium），内蒙古桑根达来

▲ 菊科长白蜂斗菜（Petasites rubellus）
▼ 菊科桃叶鸦葱（Scorzonera sinensis），也叫皱叶鸦葱

被子植物

列当科
兰科
菊科

▲ 兰科硬叶兜兰（*Paphiopedilum micranthum*）

▲ 列当科山罗花（*Melampyrum roseum*）

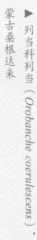

▶ 列当科列当（*Orobanche coerulescens*），内蒙古桑根达来

▲ 龙胆科笔龙胆（*Gentiana zollingeri*），　　▲ 龙胆科鳞叶龙胆（*Gentiana*
　吉林松花湖　　　　　　　　　　　　　　　　　*squarrosa*），北京延庆龙瀑沟

▼ 藜芦科吉林延龄草（*Trillium camschatcense*），吉林抚松

被子植物

蓼科
藜芦科
龙胆科

▲ 蓼科拳参（*Polygonum bistorta*），
又叫紫参。北京阳台山

▲ 蓼科酸模叶蓼（*Polygonum lapathifolium*），北京昌平

▼ 蓼科戟叶蓼（*Polygonum thunbergii*），北京昌平

▼ 蓼科杠板归（*Polygonum perfoliatum*），北京昌平

▲ 蓼科虎杖（*Polygonum cuspidatum*），北京昌平

▲ 蓼科西伯利亚蓼（*Polygonum sibiricum*），北京昌平

▼ 蓼科何首乌（*Polygonum multiflorum*），北京海淀

▼ 蓼科河北大黄（*Rheum franzenbachii*），北京门头沟小龙门

被子植物
蓼科
落葵科
蓼科

▲ 蓼科巴天酸模（*Rumex patientia*），
北京大学

▲ 蓼科钝叶酸模（*Rumex obtusifolius*），
北京大学

▼ 落葵科落葵（Basella rubra），也叫木耳菜，茎右手性

▲ 马齿苋科马齿苋（*Portulaca oleracea*）

▲ 马兜铃科北马兜铃（*Aristolochia contorta*），北京怀柔

▼ 马兜铃科汉城细辛（*Asarum sieboldii*）

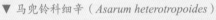

▼ 马兜铃科细辛（*Asarum heterotropoides*）

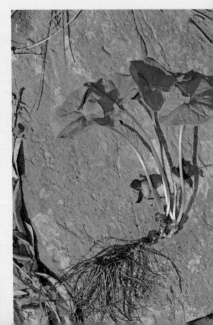

被子植物

毛茛科
马兜铃科
马齿苋科

▲ 毛茛科兴安升麻（*Cimicifuga dahurica*）

▲ 毛茛科北乌头（*Aconitum kusnezoffii*）

▼ 毛茛科华北乌头（*Aconitum jeholense var. angustius*），内蒙古黄岗梁

▼ 毛茛科高乌头（*Aconitum sinomontanum*），河北崇礼云顶

▲ 毛茛科牛扁（*Aconitum barbatum* var. *puberulum*）

▲ 毛茛科侧金盏花（*Adonis amurensis*）

▼ 毛茛科拟扁果草（*Enemion raddeanum*），吉林北大壶

▼ 毛茛科多被银莲花（*Anemone raddeana*）

▲ 毛茛科黑水银莲花（*Anemone amurensis*）

▲ 毛茛科阴地银莲花（*Anemone umbrosa*）

▼ 毛茛科反萼银莲花（*Anemone reflexa*）

▼ 毛茛科小花草玉梅（*Anemone rivularis* var. *flore-minore*）

▲ 毛茛科路边青银莲花（*Anemone geum*）, ▲ 毛茛科驴蹄草（*Caltha palustris*）
河北崇礼

▼ 毛茛科东北扁果草（*Isopyrum manshuricum*）, ▼ 毛茛科朝鲜白头翁（*Pulsatilla*
吉林抚松 *cernua*），吉林松花湖

▲ 毛茛科朝鲜白头翁（*Pulsatilla cernua*）

▼ 毛茛科兴安白头翁（*Pulsatilla dahurica*），
吉林松花湖

▼ 毛茛科白头翁（*Pulsatilla chinensis*）

▲ 毛茛科槭叶铁线莲（*Clematis acerifolia*），北京门头沟

▲ 毛茛科长瓣铁线莲
（*Clematis macropetala*）

▲ 毛茛科芹叶铁线莲（*Clematis aethusifolia*）

▼ 毛茛科唐松草（*Thalictrum aquilegiifolium* var. *sibiricum*），河北崇礼

▼ 毛茛科类叶升麻（*Actaea asiatica*），北京延庆

▲ 毛茛科紫花耧斗菜（*Aquilegia viridiflora* var. *atropurpurea*），北京延庆云瀑沟

▼ 木樨科流苏树（*Chionanthus retusus*），
北京大学

▼ 木樨科小叶梣（*Fraxinus bungeana*），
北京密云

被子植物

蔷薇科
荨麻科
木樨科
毛茛科

▲ 荨麻科宽叶荨麻（*Urtica laetevirens*），北京虎峪沟

▲ 荨麻科蝎子草（*Girardinia diversifolia* subsp. *suborbiculata*），北京金山

▼ 蔷薇科莓叶委陵菜（*Potentilla fragarioides*），吉林松花湖

▼ 蔷薇科库页悬钩子（*Rubus sachalinensis*），吉林松花湖

▲ 蔷薇科三裂绣线菊（*Spiraea trilobata*），北京密云

▲ 蔷薇科白鹃梅（*Exochorda racemosa*），北京大学

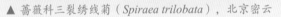

▼ 蔷薇科甘肃山楂（*Crataegus kansuensis*），北京延庆松山

▼ 蔷薇科水栒子（*Cotoneaster multiflorus*）

▲ 蔷薇科皱皮木瓜（*Chaenomeles speciosa*），也叫贴梗海棠

▲ 蔷薇科黄刺玫（*Rosa xanthina*）

▼ 蔷薇科美蔷薇（*Rosa bella*）

▼ 蔷薇科金露梅（*Potentilla fruticosa*）

▲ 蔷薇科山桃（*Prunus davidiana*）

▲ 蔷薇科东北扁核木（*Prinsepia sinensis*）

▼ 蔷薇科水榆花楸（*Sorbus alnifolia*），北京延庆四海西沟

▼ 蔷薇科水榆花楸（*Sorbus alnifolia*），吉林松花湖

▲ 蔷薇科北京花楸（*Sorbus discolor*）。
叶背面无毛。河北崇礼

▲ 壳斗科栗（*Castanea mollissima*），
即板栗。板栗的雄花序

◀ 壳斗科栓皮栎（*Quercus variabilis*），叶缘具刺芒状锯齿。北京百望山

被子植物

壳斗科
蔷薇科

▲ 壳斗科槲树（*Quercus dentata*），也收柞栎、波罗栎。北京昌平

▲ 壳斗科槲栎（*Quercus aliena*），叶柄较长。北京鹫峰

► 壳斗科蒙古栎（*Quercus mongolica*），北京

▲ 伞形科黑水当归（*Angelica amurensis*），吉林敦化

▲ 桑科构树（*Broussonetia papyrifera*），楮树。雌雄。北京百望山

▼ 商陆科垂序商陆（*Phytolacca americana*），也叫美国商陆

▼ 桑寄生科北桑寄生（*Loranthus tanakae*）

被子植物
十字花科
芍药科
商陆科
桑寄生科
桑科
伞形科

▲ 芍药科草芍药（*Paeonia obovata*），河北崇礼汗海梁

▼ 十字花科播娘蒿（*Descurainia sophia*）

▼ 十字花科诸葛菜（*Orychophragmus violaceus*），也叫二月兰

▼ 十字花科小花糖芥（*Erysimum cheiranthoides*）

▲ 十字花科糖芥（*Erysimum amurense*）

▲ 十字花科山蒜荠（*Thlaspi cochleariforme*），河北崇礼

▶ 十字花科翼柄碎米荠（*Cardamine komarovii*），吉林通化

▼ 十字花科白花碎米荠（*Cardamine leucantha*），河北崇礼

▼ 十字花科紫花碎米荠（*Cardamine purpurascens*），河北崇礼

▼ 石竹科蔓孩儿参（*Pseudostellaria davidii*），也叫蔓假繁缕

▼ 石竹科异花孩儿参（*Pseudostellaria heterantha*），北京小溪营地

被子植物

石竹科
十字花科

▼ 石竹科石生蝇子草
（*Silene tatarinowii*）

▼ 石竹科浅裂剪秋罗（*Lychnis cognata*）

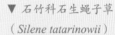

▼ 石竹科女娄菜（*Silene aprica*）

▼ 石竹科瞿麦（*Dianthus superbus*）

▲ 石竹科石竹（*Dianthus chinensis*），大连海滨

▲ 石竹科缬瓣繁缕（*Stellaria radians*），黑龙江伊春

▼ 鼠李科锐齿鼠李（*Rhamnus arguta*），北京延庆

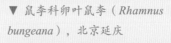

▼ 鼠李科卵叶鼠李（*Rhamnus bungeana*），北京延庆

被子植物

天门冬科
莎草科
鼠李科
石竹科

▲ 鼠李科柳叶鼠李（*Rhamnus erythroxylum*），河北崇礼

▲ 莎草科尖嘴薹草（*Carex leiorhyncha*），北京延庆四海西沟

▼ 天门冬科热河黄精（*Polygonatum macropodum*），北京密云

▼ 天门冬科玉竹（*Polygonatum odoratum*），河北崇礼

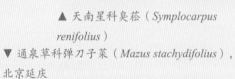

▲ 天南星科浮萍（*Lemna minor*）

▲ 天南星科臭菘（*Symplocarpus renifolius*）

▼ 天南星科虎掌（*Pinellia pedatisecta*）

▼ 通泉草科弹刀子菜（*Mazus stachydifolius*），北京延庆

被子植物

五加科
五福花科
无患子科
通泉草科
天南星科

▲ 无患子科栾树（*Koelreuteria paniculata*）

▼ 五福花科接骨木（*Sambucus williamsii*），黑龙江五大连池

▼ 五加科刺五加（*Eleutherococcus senticosus*），辽宁桓仁枫林谷

▲ 苋科地肤（*Kochia scoparia*）   ▲ 苋科藜（*Chenopodium album*）

▼ 苋科甜菜（*Beta vulgaris*）   ▼ 苋科鸡冠花（*Celosia cristata*）

被子植物

小檗科
苋科

▲ 苋科凹头苋（*Amaranthus lividus*），叶顶端凹缺

▲ 苋科尾穗苋（*Amaranthus caudatus*）

▼ 苋科华北驼绒藜（*Krascheninnikovia arborescens*），河北蔚县

▼ 小檗科鲜黄连（*Plagiorhegma dubium*）

▲ 小檗科牡丹草（*Gymnospermium microrrhynchum*）

▲ 小檗科朝鲜淫羊藿（*Epimedium koreanum*）

▼ 绣球花科小花溲疏（*Deutzia parviflora*），河北崇礼洞沟

▼ 绣球花科大花溲疏（*Deutzia grandiflora*），北京延庆云瀑沟

被子植物

杨柳科
旋花科
绣球花科
小檗科

▲ 绣球花科太平花（*Philadelphus pekinensis*），北京延庆四海

▲ 旋花科银灰旋花（*Convolvulus ammannii*），内蒙古乌兰察布

▼ 杨柳科毛白杨（*Populus tomentosa*），北京海淀

▼ 杨柳科山杨（*Populus davidiana*），河北崇礼南天门

▲ 罂粟科荷包牡丹（*Lamprocapnos spectabilis*）

▲ 罂粟科白屈菜（*Chelidonium majus*）

▼ 罂粟科紫堇（*Corydalis edulis*）。北京大学人文学苑3号楼

▼ 罂粟科地丁草（*Corydalis bungeana*）

被子植物

罂粟科

▲ 罂粟科小药八旦子
（*Corydalis caudata*）

▲ 罂粟科北京延胡索（*Corydalis gamosepala*）

▼ 罂粟科临江延胡索（*Corydalis linjiangensis*）。吉林临江

▼ 罂粟科临江延胡索（*Corydalis linjiangensis*）

▲ 罂粟科菫叶延胡索（*Corydalis fumariifolia*）

▲ 罂粟科巨紫菫（*Corydalis gigantea*），吉林通化

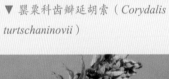

▼ 罂粟科齿瓣延胡索（*Corydalis turtschaninovii*）

▼ 罂粟科珠果黄菫（*Corydalis speciosa*）

▲ 罂粟科博落回
（*Macleaya cordata*）

▲ 罂粟科鬼罂粟（*Papaver orientale*），也
叫东方罂粟

▼ 罂粟科荷青花（*Hylomecon
japonica*），吉林松花湖

▼ 罂粟科罂粟（*Papaver somniferum*）

▼ 榆科大果榆（*Ulums lamellosa*），北京昌平

▲ 榆科榔榆（*Ulmus parvifolia*），上海

▲ 榆科榆树（*Ulmus pumila*），
北京延庆云瀑沟

被子植物

鸢尾科
榆科

▼ 鸢尾科囊花鸢尾（*Iris ventricosa*），河北崇礼

▲ 鸢尾科朝鲜鸢尾（*Iris odaesanensis*），吉林临江

▲ 鸢尾科紫苞鸢尾（*Iris ruthenica*），北京延庆云瀑沟

▲ 芸香科臭檀吴萸（*Tetradium daniellii*），也叫臭檀。北京密云

▼ 芸香科白鲜（*Dictamnus dasycarpus*），河北张家口

▼ 芸香科北芸香（*Haplophyllum dauricum*），河北沽源县九连城

被子植物

紫茉莉科
芸香科

▲ 紫茉莉科紫茉莉 (*Mirabilis jalapa*)

▼ 紫茉莉科光叶子花 (*Bougainvillea glabra*)，也叫宝巾、三角梅、三角花

第九章

请神容易送神难：
尽早识别入侵物种

在现实世界中，这样的超级杂草已然存在，只不过它们并非外星人入侵的结果，而是由人类对自然世界的肆无忌惮的破坏所造成的。另一些可怕的杂草则纯粹是人类的短视所致。

——理查德·梅比：《杂草的故事》①

① 理查德·梅比（Richard Mabey）：《杂草的故事》，陈曦译，译林出版社，2020年，第14—15页。

　　加拿大一枝黄花（*Solidago canadensis*）布满上海市崇明岛，甚至分布于虹桥高铁站的轨道间；肿柄菊（*Tithonia diversifolia*）和蓝花野茼蒿（*Crassocephalum rubens*）在云南省西双版纳随处可见；火炬树（*Rhus typhina*）在北京市门头沟区、房山区及河北省多地被当作"宝贝"到处栽种，实际上没必要如此高看此洋物种；三裂叶豚草（*Ambrosia trifida*）和（普通）豚草（*A. artemisiifolia*）早已渗透到北京市永定河流域；（普通）豚草在吉林省松花湖滑雪场的山坡上密密麻麻地生长着；紫茎泽兰（*Ageratina adenophora*，亦称破坏草）迅速爬上云南省和贵州省的高山，遍布乡间小道，挤占本土植物的生态位；黄花刺茄（*Solanum rostratum*）在河北省张家口市泛滥成灾，其植株上面特别是果实外面锋利的尖刺令人畜无法下脚；在最近几年中，续断菊（*Sonchus asper*，亦称花叶滇苦菜）、黄顶菊（*Flaveria bidentis*）、香丝草（*Erigeron bonariensis*）、腺龙葵（*Solanum sarrachoides*，亦称毛龙葵）和钻叶紫菀（*Symphyotrichum subulatum*）溜进北京大学校园，虽然此校园门卫管理甚严……这里提到的植物都是著名的入侵植物，由于观念有差异，张先生看到生机盎然的一片绿色植物，在李先生看来可能糟糕透顶。而关于这些植物优缺点的争论，经常是不欢而散。

　　随着全球化和中国对外交往的快速发展，外来植物对中国生态、生物多样性、经济发展以及景观，均产生重要且不可逆的影响。在"人类世"大背景下，每个国家、地区都要面对生物多样性破坏、生物入侵问题，中国自然不例外，外国的植物在中国也造成了一定的不良影响。可是，对付入侵植物，却相当麻烦。

　　上海交通大学出版社曾出版了五卷本《中国外来入侵植物志》（2020年12月），收录植物68科224属402种（或变种），它是对我国境内可见的外来入侵植物的系统总结，对于国民经济发展、科研、教育、景观设计、生态文明建设等有着重要参考意义。此丛书是在之前多年工作基础上，由马金双主持全国11家科研单位和高校共同完成的。马金双先生是著名植物文献学家，目前任北京国家植物园首席专家，曾主编或共同主编《中国植物分类学纪事》（2020）、《中国归化植物名录》（2019）、《中国外来入侵植物名录》（2018）、《东亚木本植物名录》（英文版，2017）、《中国外来入侵植物彩色图鉴》（2016）、《上海维管植物名录》（2013）、《东亚高等植物分类学文献概览》（2011）等。许多人可能不明白，植物学家马金双做的工作为何像历史学？其实，从事动植物分类的学者，所做的工作除了野外考察、核实标本外，的确有相当一部分与文献打交道，因而确实与历史学部分重合。马金双与分类、生态打交道，但并不专门做分类和生态，更多地关注文献分析和历史人物，于是他的研究工作更接近于历史学。

　　"我国的外来入侵生物造成的危害逐年增加，中国已经成为遭受外来生物入侵最严重的国家之一。"（《中国外来入侵植物志》，总编序言第1页）《中国外来入侵植物志》的出版，为中国各界认定、鉴别、评估入侵植物，提供了权威的参考资料，使得实际工作中若干做法有了可靠依据。比如，某建设项目中不可以或者不建议使用某些植物，以前不容易说服别人，现在则可以引用《中国外来入侵植物志》来讲道理。长期以来，人们特别需要有关入侵植物的实用的、可信赖的文本，现在终于有了，因而其出版有着非常现实的意义。我相信它会受到海关、科研、教育、环保、生态、公园、乡村建设、景观设计等部门和企事业单位的欢迎。

入侵植物的"辨类知名"是诸多工作的前提

　　《御定广群芳谱》说："盖将开物以成务，必先辨类而知名。"植物众多，全球有三十多万种，中国有三万多种，云南有一万多种，北京也有两千多种。俗话说，要"知己知彼"，不管是否喜欢，不管人们想用它们做什么，总得先认识它们中的一部分。这套大书收录的"坏"植物本来不属于中国，人们总体上不喜欢它们，但它们偏偏落户于我们的国土，并且无法用简单的办法驱离。

无论人们对这些入侵植物做什么动作（接受、禁止、拔出或药物杀灭），从众多植物中辨识出它们就相当麻烦，对普通百姓甚至对专业植物学工作者、园艺工作者而言都有困难。对于即将到来的入侵植物，这要求先有一定基础，对本土植物有相当的了解，见到新奇的、外来的东西才会敏感。可以想到，在信息化、网络化时代，一部齐全的图文并茂的工具书是必要的，《中国外来入侵植物志》恰好填补了这一空白。其价值不亚于编写《中国植物志》，虽然体量上不可相比。

中国已经编写出版了《中国植物志》，收录植物三万多种，理论上已经包含了所有外来入侵植物，而事实上没有完全包括。也就是说，若干入侵植物存在于中国大地，而《中国植物志》没有收录。原因是《中国植物志》经历了漫长的编写时间和出版过程，长达半个多世纪，而这期间恰好是对外开放最活跃的时期，大量外来物种涌进中国，《中国植物志》漏收了许多。只靠《中国植物志》，解决不了现实问题。

另外，《中国植物志》工程浩大，普通人将80卷126册集全几乎不可能，而且书中用的是手绘线描图，专业性较强，普通人直接阅读和使用有一定难度；《中国外来入侵植物志》行文简明，采用大量彩色数值图片，更加便于使用。

对于应对生物安全、生物多样性保护等问题，《中国外来入侵植物志》有着特别的国家全局战略意义，它体现了一个国家基础文化建设的水平。一个国家（特别是大国）的发达程度，可以从植物这个细节来判断。比如，有没有自己的国家植物标本馆、标本馆收录的本国和全球植物标本有多少（全中国保存的外国植物标本数十分可怜，与中国的地位不相称）、全国植物志更新升级了几版（我们还没有升级过，短期内也不可能升级）、有没有关于入侵植物及重点保护植物的专业图鉴（正在建设中）。随着国力的增强和科学共同体的努力，我国在植物方面做了很多工作（比如2016年出版10卷本《中国苔藓志》，2010年出版6卷本《内蒙古植物志》第三版、2016年出版英文版48卷《泛喜马拉雅植物志》等，2015年甚至启动了《肯尼亚植物志》的编研工作），虽然依然有大量基础性工作要做，但比起动物方面要好得多。

普通公民可参与生态监控和治理

防止或者减少入侵植物给我们国家造成危害，通常认为是少数人的责任，比如海关人员的管控。海关遇到可疑动植物，应在入关检疫环节把它们截留下来，挡之于国门之外。现实中也确实拦截了不少有较大风险的物种。但是，光靠这一环节是远远不够的，入侵植物的活体，特别是其种子，被人为带入境内的渠道有很多，防不胜防。海关的检出率可能不到十分之一。进口的粮食、种子、肥料（比如牛粪）、木材中，旅客的行李箱和背包中，往往无意中夹带了入侵植物的种子；它们不需要很多，几颗种子就可以迅速繁殖开来。

容易想到的第二道防线是从事植物保护、植物分类学、保护生物学、生态学研究的专业科技人员。他们对于国土生物安全肩负重要职责，他们应当发明有效的检测仪器，在野外及早准确地发现和识别它们。他们有义务、有责任做好分内工作，但是他们人数、时间和精力有限，不可能照顾方方面面，入侵植物几乎无孔不入，这些专业人员在物种鉴定和影响评估方面可以发挥特长，但在日常监控方面却处于不利地位。

此时就需要大量的对植物有兴趣、有一定文化素养并肯投入相当多时间的热心群众。群众参与的弱点在于知识储备不足，容易造成误判，但是其优势也非常明显。

上述三类人员，都需要与时俱进，不断学习，及时更新观念和知识。特别是对于群众，他们亟须一部权威、收录物种较多、界面友好的入侵植物工具书。此时，《中国外来入侵植物志》可以派上用场。

目前也存在一个不大不小的问题：此工具书体量较大，每本都接近

200元，全套共计1160元，对普通百姓来说还是有点贵。但是，这个问题好解决，我早就想好了一项建议：以交大版图书的基本架构和数据为基础，建立开放的在线网站，数据更新和服务器维护可依托上海交通大学或者中国国家标本资源平台（NISII）进行。我认为这样的项目非常值得做。不但可以让业余爱好者积极地参与进来，它还是公民科学、公众博物学试点的好项目，对于积累有用数据、经济建设、教育和科研，都有显然的现实意义。同时，它也可以满足更大范围的国际交流（部分信息可以翻译为英文）需要，因为外国同行同样想了解我们的数据，就像我们对他们的植物感兴趣一样。最终做好入侵植物管控需要全世界合作，单独一个国家或一个地区都很难做好。

我相信，开通相关网站后，访问量和数据量会快速增加。既可能增加物种数，也可以对于已有物种而增加目击地点信息和相关照片，特别是有希望及早发现入侵植物的落脚点，便于有关部门采取措施，把损失降低。目前收录402种（或变种），很可能在5年内补充到500种，照片数量扩充数倍。

追索入侵路径，立此存照

《中国外来入侵植物志》内容编排很讲究，既包括对植物的一般性描述、标本信息、入侵特点、危害、相似种和照片，也包括"传入方式"一项。也就是说，此书给出了入侵种"溯源"信息。许多入侵种究竟如何传入我国的，已经搞不清楚，有的需要慢慢研究。但也有相当一部分是能够说清楚的，此书依据文献，尽可能地列出它们是如何具体引入我国的，比如哪个人、哪个单位在什么时间因为什么而引入了某植物。注意，科学出版物提及人物、单位和作品通常是表扬，个别是批评、商榷性质的，但是对于入侵种的引入，被提及名字的个人和单位，却要好好反思。因为当初都是怀着善良的动机，为了做有益于国家和人民的事情而努力引进的，但是由于种种原因，考虑不周，若干年后才发现引进是错误的，带来了经济损失、环境风险和生态灾难。马缨丹（五色梅）、细叶满江红、聚合草、火炬树（漆树科）、火焰木（紫葳科）、荆芥叶狮耳草、毛曼陀罗、灯笼果、菊苣、柳叶马鞭草、白花车轴草、互花米草等，都是有知识的专业人士专门引入我国的植物，现在已经成为入侵种。就像倒卖化石的不都是农民一样，有意引进入侵植物的也并非都是普通百姓。

那么，专业人士能否有点预见力，避免做后悔的事情呢？通过加强风险管控和科研伦理教育、提高科研水平，确实可以增强预见性，但是完全做到无失误也不可能。重要的是，要有风险意识，要控制自己的欲望、慎重引进，把损失控制在一定限度内。

没有需求，就没有买卖，就会减少引入。对于用户（单位或个人），要紧的是加强生态伦理和环境风险教育，但是外在的教育通常难以撼动内心的欲望。一种长远的、内在的努力可能更好——培育良好的审美情趣，努力发现和欣赏本土植物之美，体认本土植物安全、可靠的基础性知识。许多地方官员、企业老板、植物园主管、苗圃负责人，动机都是好的，但猎奇心较重，对洋植物怀着更多的好奇心，打心眼里愿意引进外来植物，一不小心就帮了入侵种的忙。在日常生活中，我们很容易看到，各种庆典场合、生态修复项目（其实英文是"restore"，应当翻译为"恢复"而不是"修复"，一字之差理念完全不同）、园林建设、园艺展览等，唱主角的基本上是外来物种，相当多是入侵种。一方面是相关人员无知，二是个人审美有问题，第三才是明知故犯。

让穷人变富，一代人时间就可能解决问题，让人懂得美丑可能需要数代人的努力。我们对本土物种的园艺利用，许多基础工作（长期驯化，这方面也远不如中国古人）做得不够。比如，当下中国的苗圃业看似红红火火，但行为通常短期化，各家经营的品种高度雷同、缺乏独家长久培育的新品种，还有两个不是很好的表现："外国进口"和"南植北移"，两者都容易造成生物入侵。进口花木（包括百合属和杜鹃花属这些我国有着得天独厚资源，却较少拥有可用的商品化品种），简便易行，容易造成境外植物对中国的入侵；后者造成的是中国南方植物对北方的入侵（严格讲这也是一种不可忽视的入侵，但目前关注者较少）。"南植北移"表面上只是个经济上是否划算的问题，实际上牵涉到物种入侵，比如来到北京的鸡屎藤和木防己虽然都是中国本土植物，但是通常并不生长在北方，由于竹子等南方植物栽到北方，随土方带来其他一些植物，它们到了北方反而快速繁殖，覆盖本土物种，引起生态问题。

升级认知、培育审美情趣

外来入侵植物的危害到底有哪些？除了经济损失（导致农业减产、引起牲畜中毒）之外，是生态破坏（抢占生态位，导致生态多样性品质降低），还严重影响人们的审美，比如破坏当地的特色景观，有时也影响人们的身体健康（如花粉过敏）。

本章开头只是随便列举了若干外来入侵植物。对于关心植物的人，这份清单可以开列得很长，我本人多次遇到、能够准确辨识出来并且有一定感觉的（指对其有一定的关注度），就可以列出80种以上。普通读者其实也见识过大量入侵物种，只是平时没注意其来源罢了，比如紫茉莉、两色金鸡菊（蛇目菊）、大花金鸡菊、落地生根、滨菊、万寿菊、多花百日菊、天人菊、秋英、硫黄菊（常见园艺植物）、豆瓣菜（一种蔬菜或野菜）、圆叶牵牛和杂配藜（常见野草）、菊芋（蔬菜或园艺植物）、南美蟛蜞菊（作为地被植物引进）、野茼蒿（杂草，野菜）、意大利苍耳（杂草）等。其中相当一部分读者在本地公园中反复见到，甚至不吝赞美，用相机反复拍摄。

走进某一家植物温室，你可能被来自世界各地琳琅满目的植物所震撼，但是当你进入第五家、第十家植物温室时（不限于中国的），你可能感觉到某种失望，发现各地各等级的温室不过如此，展示的植物大同小异。确实，全世界的温室植物高度同质化，相当多的植物种类是一样的，甚至来源相似，解说词也都差不多。各地生态旅游宣传，常常把外来植物（其中相当多是入侵植物）当作卖点，不断用照片和视频加以宣传，根本不屑介绍本地的特色植物，这类宣传对于稍微懂行的人来说简直无法忍受。城市建设所用的行道树，本来是展示地方特色的良好舞台，却免费为外来植物"做广告"，这不能不令人惋惜，难道中国没有好植物、本地没有优秀的植物可展示吗？高等级的园艺博览会上，你可以见到每届都差不多的植物种类，而它们大多与当地的植物没什么关系。对外来植物的贪爱、迷恋，导致本地缺乏"植物自信"。无知和恶俗审美的误导是多么巨大啊！作为一名旅行者，到了各地难道只是为了看千篇一律的步步登高（多花百日菊）、格桑花（波斯菊、秋英）、三角梅（叶子花）、荷兰菊、矮牵牛（碧冬茄）？每地都有自己的特色植物，能不能想点办法把它们呈现给世界？

这就出现了某种张力：为何人们如此喜欢外来植物，外来物种甚至外来入侵物种真的有那么坏吗？面对本土物种和入侵物种，人们争论不断，在哲学层面这涉及在自然与人为之间如何取得平衡，也涉及"自性"问题。演化生物学、博物学大师古尔德在《彼岸》中有一篇《演化视角下的"本土植物"概念》，回顾了极端对立两派的观念。他本人的观点显然是折中的，他认为应当重温自柏拉图以来深刻的人文主义传统，人类为自身的崇高目的而对自然进行改造，必须小心谨慎、趣味高雅、富于洞察力。[①]

外来植物不都是坏植物，有好的也有坏的；"只要好的不要坏的"，是再正常不过却十分天真的想法（想想中外文化交往中只要好的不要坏的，能做到吗？通常反而是坏的优先传播）。外来入侵植物只是外来植物的一部分，简单说，它们是（事后看）我们不想要的、当初却兴高采烈地

---

① 斯蒂芬·杰·古尔德（Stephen Jay Gould）：《彼岸》，顾漩译，外语教学与研究出版社，2021年，第341—353页。

努力引进的那些外来植物，也包括一些由于人的疏忽而无意之中带入境内、随后自动繁衍开来的植物，通常不把大自然正常演化中由纯自然的原因（风、鸟等传播）带入的植物算在内。也就是说，外来入侵植物主要是由于我们的短视或者疏忽而引入中国境内的植物。短视和疏忽，是连科学家都无法避免的常见行为，因而可以想见入侵植物的问题为何不好对付。其实，植物无所谓好与坏，植物就是植物，只是在使用它们的人类看来，加上人类某一时段某一范围的价值观，才有了分别。

有一系列概念需要大致搞清楚：外来植物、（外来）入侵植物、杂草、本土植物、暂时无用的植物等。所有这些概念都具有相对性，都有一定的限制条件。举一例，雨久花科凤眼蓝（水葫芦）在云南是个事儿（造成生态问题），但在中国北方就不是个事儿，因为它在野外无法越冬，它原产于巴西亚马孙河流域。有报道呼吁在中国黑龙江省要提防凤眼蓝这种入侵植物，其实完全没搞懂概念。严格讲，凤眼蓝在云南省境内也不全是入侵植物，比如在高海拔的山区它也无法快速繁殖，在那里依然是安全的，当地人也在有效利用它，不能一刀切全禁了。此外，从大尺度上看，各大洲、各国的植物本来也有从无到有、互相交流的历史；归根到底，外来植物来到某地造成入侵，是因为时间不够长而无法与当地的生态系统高度融合，而展现出强烈冲突的一面，才称其为"入侵植物"。对"入侵"的评判有人为的因素也有自然的因素，前者是相对于人的需求而言的，后者可从"生物多样性"和生态质量角度考虑。根本上讲，生物入侵与现代性的弊端密切联系着，都与人这个物种的过分"活跃"有关，若行之有度，有序地引入外来植物，完全没有问题。顺便提及，外来植物引进后疯狂繁殖，往往抓住了此地生态破坏导致的"缝隙"，它们有效地钻了"空子"。比如它们首先把空闲的货场、工地、苗圃、砍伐后的山坡作为基地，再逐步向外扩张。如果本地生态保持完好，生物多样性足够丰富，外来植物活动的空间自然也会受限。

人是政治动物，也是功利动物。人这种动物对于植物的关系不可能完全超越人类中心主义，但是可以尝试用后者的立场看问题，从而避免狭隘。世界各地的植物，在其原生地，都有存在的合理性；它们缓慢地迁移到邻近地区，也是合理的、正常的；在一定条件下，它们被带到遥远的地方生存、繁殖、被利用，也是可以理解的，事实上也实践了几千年，并未出现大的问题。但是对于后一种情况，在现代社会的条件下，必须审慎地、有限度地进行，不能头脑发热，不分青红皂白大规模引进。"和谐共生"是就大尺度而言的，而且要平滑、温柔地进行，快速、强行让有冲突的元素共居一体，可能令系统崩溃。

应对入侵植物，需要把握四条原则：

第一，宜早不宜迟，加强源头管理。末端管理劳民伤财，效果也不好。对于入侵植物，一方面要预先了解与我国有频繁经贸往来之国家的植物种类和特点，在海关进行有针对性的有效检测，二是在境内要及早发现入侵种，用手工把它们连根拔出、灭活，不要等到扩散开来再想办法。及早发现，有难度，需要培养尽可能多的有效"眼睛"。

第二，树立本土植物安全、优美的情感认同，优先保护和展示本土植物。各植物园、公园、苗圃，都应当因地制宜，尽可能保护好、开发好本土植物资源，慎重引进外来种。世界各地的人们，把自己家乡的植物都看护好了，全世界的物种保护也就落实了，不要指望广泛的"迁地保护"发挥实质作用，更不宜每家都羡慕别人的"宝贝"而拼命引进别人家的植物，最终导致许多应保护的没有保护，同时造成一些不必要的入侵事件。就全球范围而论，观念转变正在进行中；在中国本土植物的重要性还没有得到充分认识，大量植物学、园艺工作者依然不重视本土植物保护、展示和利用。

园艺、园林设计比赛和评奖，宜鼓励合法使用当地植物、中国本土植物，禁止使用或严格限制使用入侵植物。国家拨款的绿化项目建设中应当禁止使用入侵植物。应奖励当地苗圃、园艺企业驯化本地的野生植物用于城乡建设、绿化，有序、安全地引进外来植物，制订风险防控规程。

第三，鼓励广大群众学习植物学知识，学会辨识常见本土植物和入侵植物。动员群众对于入侵植物进行有效的监督。在日常生活中遇到有害植物可及时反馈有关信息，当自己能够确认是危险的入侵植物时，可以直接拔出、灭活。家庭园艺过程中，应当以大局为重，慎重引进，不随便抛弃活体植物。

第四，科研部门应减少急功近利，建立责任追究机制。对于经常引进入侵植物的单位和个人，应当提出警告、给予一定的处罚。申请新项目时，应当考察之前的引进历史。

北京地区常见入侵植物

城市里和城市周边生态保护，可以正负两方面同时努力。前者指罗列需要重点保护的若干物种或受威胁的某些物种专门给予保护，相当于"正面清单保护"（positive list conservation）。后者指清晰罗列对本地区有危害的外来入侵物种严加控制，相当于"负面清单保护"（negative list conservation）。操作中两者缺一不可，要求公众有相当高的博物素养（natural history literacy），仅依靠少数专业人士是不够的。博物素养表现于对所在地自然、环境的关注度，对自然物的辨识能力等方面。它与科学素养、生态素养有关，但强调的侧面不同。

北京地区外来植物也越来越多，有相当多是比较安全的。比如在北京也有人引入了凤眼莲、破坏草（紫茎泽兰），它们都是公认的入侵物种，但是在北京以及中国东北地区，它们都没有问题。原因在于它们无法在户外越冬，没办法在野地里快速繁殖。

但是也有一些入侵植物非常适合北京的环境，如果不加控制，将会造成一定的危害。下面列出在北京值得注意的入侵植物，遇到它们应尽可能加以清除。

葎草，大麻科。其原产地仍然是个谜。有人认为起源于美洲，但没有证据。我猜测起源于亚洲南部。多种植物志书都说是中国本土植物，非常可疑。至少在中国北方无人居住的地方很少见到它，在远离人烟的高山、旷野中，根本见不到它。它很有可能是外来入侵种，150年前就已来到中国北方。现在是中国北方的一种极其恶劣、很难对付的恶性杂草。如果在北京要选出一种最令人讨厌的植物，它当之无愧！它是茎左旋的一年生草质藤本植物，雌雄异株，藤蔓多分枝，长度可达8米。生长旺盛的一株即可覆盖住15平方米的地块。清除它们的最好时机是春季4月初刚长出小苗时。秋季它开花结实前，可再次集中清理一遍。

火炬树，漆树科。它是科学家有意引进的入侵植物。当然，一开始并不知道它是坏东西，而是把它当作宝贝引入的，就像引入互花米草一般。直到2021年，仍然未引起全社会（特别是园林部门）的警惕，在北京十三陵双龙山森林公园的一处植树场地，有一家公司还专门栽种火炬树。北京的房山区、头沟区、海淀区等经常把火炬树用作行道树广泛栽种。这些都是短视的表现，而且知错不改。

三裂叶豚草和豚草，菊科。主要出现于永定河河道沿线。清除它们的最好办法依然是手工拔出、晒干。

鸡屎藤，茜草科。主要由植物园和公园人为引进，逸生到附近田地、山坡。还有随小区绿化从南方引入绿篱、竹子而不慎引入。

续断菊，菊科。原产欧洲。从2012年起在北京城区逐渐增多。叶边缘有刺状尖齿。

密花独行菜，十字花科。主要通过植物园、园艺产品引进，已在海淀区广泛逸生。

黄顶菊，菊科。大量入侵河北省，但在北京还不算多，石景山区、海淀区有零星报道。2021年在北京大学校园曾发现一株。

印加孔雀草，菊科。主要出现于昌平区昌金路与安四路交叉附近田野、河道。

少花蒺藜草，禾本科。主要出现于顺义区、延庆区。

齿裂大戟，大戟科。主要出现在昌平区。

牵牛和裂叶牵牛，旋花科。进入中国时间较久，山地与平地均大量生长。它有好处也有坏处。

黄花刺茄，茄科。在河北张家口一带已经泛滥，少量由北向南进入北京。

刺果瓜，葫芦科。主要见于延庆区大秦铁路沿线。

喜旱莲子草，苋科。见于北京永定河门头沟段、北京大学绿篱、北京海淀区大有北里河边。

其他入侵种还有：曼陀罗、腺龙葵（毛龙葵）、钻叶紫菀、婆婆针、大狼杷草、小蓬草、香丝草、一年蓬、牛膝菊、意大利苍耳、斑地锦、反枝苋、长芒苋、铁苋菜、乳浆大戟、龙葵、野西瓜苗、苘麻、杂配藜、轴藜、菊叶香藜、刺藜、尖头叶藜、地肤、七叶爬山虎、大麻、木防己等。

摄于黑龙江佳木斯西浦植物园

◀ 火炬树，漆树科。2020年8月17日

▶ 摄于河北张家口东窑子镇

▶ 黄花刺茄，茄科。2020年10月31

▶ 喜旱莲子草，苋科。2020年10月6日摄于中央党校大有北里河边

▲ 香丝草，菊科。2020年10月17日摄于
北京肖家河

▲ 牵牛，旋花科。2020年10月17日摄于北
京肖家河

▼ 乳浆大戟，大戟科。2022年4月19日摄
于北京小溪营地

▼ 曼陀罗，茄科。2020年10月16日摄于北
京凤凰岭

第十章

新博物学：通向博雅教育

牧羊女慵懒地仰卧在草地上，嘴里含着一根带有红花的茎，脸庞上的笑靥，就像那朵盛开的花儿，她并不是无端地笑，她是在回应天空、山川、白云、轻风，回应布满草甸的绚烂花朵、悦耳的鸟鸣；也是回应牦牛、羊群，回应草甸那头传来的高亢的拖着长长的三弯九折花腔的歌声……给予她的温馨。

——叶楠：《大自然的哀鸣》①

---

①引自饶忠华主编：《寄情科学》，上海科技教育出版社，2001年，第282页。

物理学家、诺贝尔奖获得者卢瑟福说："所有的科学，要么是物理，要么是集邮。"①这句话有多种解读，也可以由此做一些歪曲性引申。

卢瑟福可能表达的一种意思是，他可能是在狭义上理解物理学，物理学是最重要的、最深刻的，最值得优秀人才为之奋斗的，而其他的所谓学问都是表面性的。一个有志于从事科学研究的人，要不畏艰难，去研究物理学，而不要浪费韶光于整理性的工作。显然，这种理解有学科歧视的味道。

第二种解读是，把其中的物理学作广义的理解，它包含一切涉及事物背后机制的学问，如包括物理、化学、生物、天文学、分子生物学等等。这样看来，学问分成两类。一类是还原的，探讨事情背后的机制；一类是平面的，罗列事物的种类，从事类似于集邮的一种分类整理的工作。作平和的解释，这种解读可以是中性的，不特意申明只有前者才叫学问。

第三种解读，也可以说是误读，把其中的"物理"理解成现代数理科学研究，把"集邮"理解成博物学研究，这两类学问构成了所有的科学。实际上，近代科学的兴起、发展过程中，一直有数理传统和博物学传统，只是在后来，其中之一取得了绝对的优势，另一方几近销声匿迹。但是，物极必反，在"大科学"时代，还原论科学的线性发展也带来诸多问题，如强势的科学并未带给世界和平与幸福。只有反思科学(不能简化成"反科学")，才能找回失去的理想，构建新的"第二种科学"。②

这时，博物学有了现实意义。

博物，通晓众物之谓也。清人说："姬公多艺，子产博物，自古而然。"

---

① 转引自罗宾·J.威尔逊：《邮票上的数学》，李心灿、邹建成、郑权译，上海科技教育出版社，2002年，序言。

② 参见《哲学研究》，1997年第11期，第20—28页。从事反思科学工作的人，也决不会同意别有用心者强加的反科学、反理性的罪名。反思科学者与不动脑者相比，实际上更理性，更符合科学精神。

　　第7版《现代汉语词典》对博物的解释是，"动物、植物、矿物、生理等学科的总称"。查第6版《辞海》，博物指"通晓许多事物"。"博物洽闻"说的就是这个"博物"，指见多识广，知识渊博。

　　中国文化中的"博物"，与西方文化中的"natural history"（自然探究、博物学、自然志）接近，但两个概念无法完全弥合。随着社会的发

◀ 北京大学的标志性建筑可用"一塌糊涂"（一水塔、一未名湖、一图书馆）来概括，其中最突出者是"博雅塔"。近处为白皮松，中间的水塘是未名湖的一小部分。在北京大学校园，最有可能开展"博雅"教育

展，两者的内容和形式都是可以变化的。中文"博物"似乎有更广泛的含义。拉马克、达尔文、华莱士、罗伦兹、威尔逊都是著名的博物学家、博物者，英文叫"naturalist"。通常也认为博物学是特定时代的产物，是与科学有了一定发展同时又不够深入的阶段相对应的一种研究方式和思考方式。通常，在21世纪再提博物学，似乎是不切实际的复古，因为博物学代表着过去，代表着浅薄，是"集邮"式的工作。

其实，这些仍然是顺着二元论的划分得出的简化、庸俗化理解，并且深受唯科学主义的毒害。

还存在着多种中间道路，甚至都不应当这样称呼，因为谁作为参照标杆也是任意的，是历史造成的。

今天提倡博物学并非想与还原论科学、数理科学对着干。那样是没有出路的，会陷入另一个极端。

早在1917年，苏格兰一位博学的人物达西·汤普森（D'Arcy W. Thompson，1860—1948）出了一本厚书《论生长与形式》，近800页。1942年该书出新版，增至1100多页。如书名所示，这书是讨论生命生长与形态的。它采取独特的方法，把最古典的几何学与近代以来发展出来的力学、物理学巧妙地结合起来，文笔优美，引经据典，观点独特而深刻。它已经成为不朽的科学经典，影响与日俱增，它是"有史以来英语科学典籍中无与伦比的文学作品"。[①]

达西·汤普森是动物学教授，古典文学家，数学家，更是一位伟大的博物学家。梅达沃说他"才高八斗，学富五车，几乎无人能同时拥有这么多天赋"。达西曾任英格兰和威尔士以及苏格兰古典文学联合会的主席，1916年成为皇家学会会员，曾获达尔文奖章和林奈学会金质奖章。他翻译了亚里士多德的《动物志》，出版过《希腊鸟类词典》和《希腊鱼类

---

① 诺贝尔生理学或医学奖得主梅达沃评语。转引自达西·汤普森：《生长和形态》，袁丽琴译，上海科学技术出版社，2003年，封底。

词典》。他最引人注目的本事是，能够将科学与古典文学融会贯通。他博学，但绝非只是票友，"他正符合了自然哲学家一词的本义"。

达西的魅力在于四个方面。

第一，他追随传统。他深得毕达哥拉斯和柏拉图的思想要旨，相信物有物理，万物皆数。他在"目的论"和"近因论"之间找到了绝好的平衡，这两者对他而言没有本质上的矛盾。他坚持用数学中的几何学和近代新兴的力学、物理学来描述、理解生命的生长过程和形态特征。《论生长与形式》的写作在形式上有哥白尼、牛顿著作的几何学特点，这一方面在"关于大小"和"变换论和相关形态的比较"两章中有突出的显露。

第二，他是反主流的，他故意不考虑化学、生物化学过程，而20世纪恰好是化学和生物化学大放异彩的时代。在生长和发育问题上，他不考虑基因、遗传，或者不重视它们。无论如何这是逆时代潮流的。但是，对于一个大师来说，这不是缺点，反而是优点。半个多世纪过去后，当用分子生物学武装起的大脑重新审视生命中的诸问题时，非主流的达西更加引人注目。特别是在非线性和复杂性研究过程中，达西一再被人们引用，他的著作历久弥新。

第三，他用博物学驾驭数理科学，虽然有时进入彻底的还原，却仍然保持了横向的整体联系。这同样是不好把握的。分形理论的创始人曼德勃罗（B.B.Mandelbrot）深得达西的精髓，他撰写的《大自然的分形几何学》简直与《论生长与形式》如出一辙，曼氏明显吸收并发展了达西的思想，它们都是20世纪伟大、富于启发意义的科学著作，都有明显的博物学痕迹。当然，也都是反主流的，幸运的是它们很快就成为主流的一部分。达西在1945年版《论生长与形式》的"写在前面的话"（Prefatory note）中说："我的这本书不大需要前言（preface），因为它确实从头到尾全部是前言（all preface）。我把它写成关于有机体形态的一种简易的研究导论，其方法在物理科学中是熟知的，把它们应用于博物学也绝不是新颖的，但是博物学家却不习惯于做这种应用。"曼氏把达西这一招完全学到

了手。所以我也称曼氏"从博物学传统走来"。博物的情怀和思维方式到底在他们的科学创造中起了什么作用？博物学如若复兴将采取怎样的形式？这仍然是值得深入探讨的话题。

第四，在达西那里，难以分清什么是科学什么是人文。他的科学有根（root或base），可一直追溯到古希腊，在那里它就是哲学，就是人文。他会希腊语、拉丁语、法语、德语，他不但读得懂当时的科学进展，也读得懂各个时代的哲学作品。他还试图沟通科学界内部的两大传统，即数理传统与博物传统。这样的人还有吗？还会有吗？

如果说我们试图伸张某种博物学的话，是在继承现代科学成就的基础上伸张，强调传统的博物学精神，也要容纳数理科学。即在思想层面强调横向沟通的必要性，展望一种新的博物学。我们要利用许多文化资源，博物学传统或者博物学精神资源也要作广义的理解，包括法布尔、威尔逊、汤普森的思想，也包括梭罗、利奥波德等人的思想。新博物学精神或者博物学观念至少包括如下方面：

（1）从全局上看，非还原的或者有限还原的认识进路。

（2）强调主体的情感渗透。博物学实践要求体悟自然之整体性和玄妙。感悟也是一种认识，而且认识也并非人生的终极目的。在这种意义上它不同于一般的科学。

（3）平面网络、整体式地把握对象，把自然看成一种密切联系的机体，我们人类只是其中的一部分。

（4）它导致一种生活方式，一种人与自然和谐生存的艺术。因而它是一种实践的学问，不能仅仅停留在口头上和纸面上，必须亲自尝试。

（5）它提供常识与艰深现代科学之间的一种友好的"界面"或者适宜的"缓冲区"，它门槛很低，甚至没有门槛，人人都可以介入。

关于新博物学的用途和现实意义，可明确如下几点：

（1）博物学在现在基本上是被遗忘的科学、研究方式和生活方式。

（2）当前人类面临的诸多问题(环境、资源)都或多或少与博物学思想的缺乏有关。

（3）中国当前的中小学、大学教育，没有提供足够的博物学理论和实践。

博物学有什么用呢？按现在流行的标准，它几乎没有用处。

但是，关键的问题在于，我们不认同现在流行的标准。博物学很难直接用于赚钱，它不容易有效地取得超一流的科学发现，还原论科学比它更有效。它的作用在于让我们谦卑，让我们生活得更加充实。如果强调"素养教育"的话，它就是其中相当重要的一部分。

以个人的经历看，我从小长在山沟，喜欢自然，特别是植物。中间有一段，我也曾把它忘却，好在突然有一天我苏醒过来，又拣起了孩提时的

▲ 北京好不容易盼来一场大雪。2020年1月6日摄于北京大学校园

▲ 博物自在（living as a naturalist）。2017年1月23日摄于印度尼西亚巴厘岛东部的龙目海峡，著名的"华莱士线"通过这里

爱好。现在我依然十分喜欢植物。这种爱好对我帮助很大。

不可能人人都成为科学家，但是，人人都可以成为博物学家，当然对"家"的要求不要太高。汉语中有一个现成的词"博物者"可以使用。

观察植物，记录植物，理解植物，是一种博物学爱好。

您不想试试吗？您不会损失什么，丧失的只会是抑郁和狭隘，您将拥有的却是整个世界。

北京大学未名湖边有一水塔，名曰"博雅"。作一引申，我也希望母校在高等教育上能够发挥出"博"与"雅"之特长，即把博物学与人文学术结合起来，造就一代新人。

附 录

把自然找回来

北大是个新观点辈出的地方，近年来，以哲学系副教授刘华杰博士为代表的一些年轻人却在"越俎代庖"大力鼓吹博物学——一门非常古老，甚至可以说已经被遗忘的学问。博物学算科学吗？它在现时代有哪些意义？带着这些问题，记者采访了刘华杰。

博物学是科学吗？

"要回答博物学是不是科学，首先得问什么是科学。"听到记者的问题后，刘华杰立即反客为主："科学是干什么的？研究分子、研究ＤＮＡ为的是什么？还不都是为了更好地理解这个世界，都是为了让人们生活得更好？博物学研究和上述研究目标是一致的，而且它不追求控制世界，对世界不构成什么危害。从这方面考虑，博物学作为一门科学，其身份是没有问题的。"

他告诉记者，认识是有利益渗透的。为什么要研究这而不研究那？为什么这个要投资几十亿而那个完全不投资？这完全是人为规定的。常见的理由是某项研究，譬如说航天很重要，而另一项研究，譬如博物学不重要。可航天为什么重要？对谁来说重要？这些都是值得问的问题，这里面都渗透着利益。他认为，大科学时代的科学研究绝大部分都是利益驱动的，要么是为了国家的利益，要么是为了某个集团的利益。如果纯粹只是出于个人兴趣，没有得到利益集团的支持，研究是很难进行的。但博物学研究是少有的例外。

"养一株小草，到野外去观鸟，考察某块石头，这都不需要大的投资，也不需要高深的理论背景，只要解决了衣食问题，就可以进行，"刘华杰说，"所以，博物学的门槛很低，甚至可以说没有门槛，是普通公众接触科学的一种非常好的方式。"

现在是科学技术的时代，很多人都希望对科学有一定的切身体会。可没有精密仪器，没受过多年的科学训练，普通公众是不可能去研究分子生物学、高能物理学的。但他们可以去玩玩博物学，博物学能在常识与艰深现代科学之间为人们提供一种友好的"界面"或者适宜的"缓冲区"。

博物学的意义

刘华杰告诉记者，他们倡导博物学并不是为了科学大发现。他认为，在当前时代，要做出博物学方面的科学发现基本不可能。甚至也不是为了培养孩子们的科学兴趣，虽然博物学确实能大大激发孩子们对科学的兴趣。他们主要是为了倡导博物意识、博物精神，培养对大自然的情感。这种意识、精神以平面网络化的、非还原的、整体的方式把握对象，把自然看成一种密切联系的机体，我们人类只是其中的一部分。

"我们是为了培养一种情趣，一种享受、爱护、尊重大自然的情趣，"刘华杰说，"大自然是人类的家园，人类的生活最终还是靠它来支撑，但现代人已经把它遗忘了，对它大肆破坏，这有很大的危险性。"他希望博物学能够有助于人们和自然和谐相处。

对于这种倡导的无力他也很清楚，但他认为："博物意识和环境意识一样，单靠它们并不能解决环境问题，但没有它们更没有解决问题的希望。"

他告诉记者，按现在流行的标准，博物学没有用处。它不能用于赚钱，也不能用于获得超一流的科学发现，还原论科学比它更有效。但是关键的问题在于，现在流行的标准有问题。博物学的最大作用是让我们谦卑，让我们生活得更加充实。现代人喜欢去游乐场，这类活动固然刺激，但它会越来越提高人们的兴奋阈值。社会应当多样化，各人有各人的选择，对此他并不反对，但他更倡导以博物活动作为休闲方式。注意周围的草木、石头、动物，找到它们的名字，发现它们的故事，会给人带来恬淡的心情、雅致的情趣，生活中会增加许许多多的美。"如果强调'素养教育'的话，它就是其中相当重要的一部分。"刘华杰说。

现代市民居住在高层"鸽笼"中，常常梦想拥有别墅，拥有一个大花园。刘华杰认为，这其实并不难，只要换一个视角，花一点点门票钱，就能享受到："大城市，譬如说北京，有很多植物园，去里面玩就行了。一点也无须为里面的花草操心，想什么时候去就什么时候去，那难道不是属于自己的大花园吗？可普通市民又去过几次？"他觉得北京诸多植物园就像自己的后花园一样，也希望别人有这种感觉。

（原载《科学时报》2002年11月17日）

记者　熊卫民

后　记

　　20年前的2002年，吕芳女士邀请我为上海科学技术出版社写一本植物博物学的书。那时候在中国能意识到博物学之价值，还属极少数。当然，直到现在博物学依然很边缘，但至少知道的人多了些。

　　我愉快地答应了吕芳的建议。之前已有一些准备，特别是建立了自己的植物档案，硬盘上存贮了数百种自己拍摄的植物照片。这得特别感谢数码相机这项新技术的到来。用胶片机拍摄大量"价值不高"的植物图片，是不可想象的。我是数码相机的第一批用户，几乎用过每一代数码相机。其实，20世纪80年代在北京大学地质学系读本科时，作为学生组织"大地影社"的一名成员，个人早就有了数字摄影的想法，因为胶片摄影实在太费钱、冲洗和放大也很麻烦。这不算富有远见，就像我很早就有了互联网购物网站的想法一样，还亏本租服务器办过图书网站。但我显然没有坚持做下去，在国内在线支付是当时没办法解决的问题，当时还在读大学，根本不可能全身心投入其中。很可能，在数字化时代来临之际，许多人都有过类似的想法。20世纪90年代，国内可利用的植物书籍、杂志极其有限，严重缺少彩色图鉴之类公众可以方便参考的读物。我咬咬牙购买了《中国高等植物图鉴》，请林秦文帮助复印了《北京植物志》，它们成了个人植物博物的好帮手。

　　用了不到一年的时间，《植物的故事》完工，2003年底正式出版发行（版权页写着2004年1月）。由于多种原因（中途出版社更换编辑，未经作者校对），书中留下许多错误。后来得知，许多年轻人是看了此书而走向植物世界的。我也因此感到郁闷、不安，那些错误肯定也"毒害"了读者。

时间一天一天、一年一年地过去，不知不觉二十年了。完全没有想到，2022年早春的一天，世界图书出版公司的编辑王思惠跟我联络出版此书的修订版。作为作者自然很高兴，特别是想到有机会更正当年莫名其妙的差错。但是又一想，时间这么久了，当年撰写的内容还有人愿意读吗？从书架上好不容易找到《植物的故事》，翻看后确认内容并未完全过时。

也许是敝帚自珍吧，我最终还是答应做这件事。于是在修订《天涯芳草》（新版由北京大学出版社移到长江少儿出版社）一书的同时，也快速修订《植物的故事》，半年后完成。修订版做了较大篇幅的改动，比如改正一些错误、不恰当的表述、升级植物分类信息、增加专门讨论入侵植物的第9章、删减植物图谱的内容、更换一些图片等，并将书名改为《草木有本心——生活中的博物学》。

吴岩告诉我克拉克的小说《技术错误》，马金双帮我查找了岩风毛菊的俄文发表记录，余欣、汪劲武、王文采、赵一之、刘全儒、马克平、曾孝濂、赵世伟、于俊林、周繇、南兆旭、林秦文、刘冰、刘夙、李剑武、杨虚杰、熊卫民、吴健梅等多年来在植物学和博物学等方面给我以各种帮助，在此对各位老师一并表示感谢！

再次感谢吕芳和王思惠！没有你们的鼓励，我不可能做这样的事情。这本书是我最早写的博物书，却是最新完成的！现在有越来越多的人喜欢植物、关心博物学，多好的事情啊！

刘华杰

2022年11月14日于北京肖家河